西藏气候变化监测公报

（2018年）

Tibet Climate Change Monitoring Bulletin

主　编：杜　军

副主编：边　多　黄晓清　石　磊　扎西央宗

气象出版社
China Meteorological Press

内容简介

为更好地总结西藏自治区气候变化监测最新成果，积极应对和适应全球气候变暖和极端天气气候事件增多现实，西藏自治区气候中心、西藏高原大气环境科学研究所编写了《西藏气候变化监测公报(2018 年)》。该公报共分四章，分别从大气圈(气温、降水、极端气候事件指数、天气现象)、冰冻圈(冰川、积雪、冻土)和陆面生态(地温、湖泊、植被、生态气候)等方面揭示了 20 世纪中叶以来西藏自治区气候变化的科学事实，可为政府有效制定气候变化政策、提升气候变化业务能力、开展应对气候变化宣传提供科学依据。

本公报可供各级政府部门决策时参阅，也可供气象、农牧业、林业、水利、环保等部门从事气候和气候变化相关学科的专业技术人员和管理人员参考。

图书在版编目(CIP)数据

西藏气候变化监测公报. 2018 年 / 杜军主编. — 北京 : 气象出版社, 2019.9

ISBN 978-7-5029-7040-6

Ⅰ. ①西… Ⅱ. ①杜… Ⅲ. ①气候变化-监测-西藏-2018-年报 Ⅳ. ①P467

中国版本图书馆 CIP 数据核字(2019)第 188997 号

审图号：藏 S(2019)021

Xizang Qihou Bianhua Jiance Gongbao (2018 Nian)

西藏气候变化监测公报(2018 年)

出版发行：气象出版社

地　　址：北京市海淀区中关村南大街 46 号　　**邮政编码**：100081

电　　话：010-68407112(总编室)　010-68408042(发行部)

网　　址：http://www.qxcbs.com　　**E-mail**：qxcbs@cma.gov.cn

责任编辑：陈　红　　**终　　审**：吴晓鹏

责任校对：王丽梅　　**责任技编**：赵相宁

封面设计：博雅思企划

印　　刷：北京地大彩印有限公司

开　　本：787 mm×1092 mm　1/16　　**印　　张**：7

字　　数：179 千字

版　　次：2019 年 9 月第 1 版　　**印　　次**：2019 年 9 月第 1 次印刷

定　　价：50.00 元

《西藏气候变化监测公报(2018 年)》
编委会

前　言

气候是自然生态系统的重要组成部分，是人类赖以生存和发展的基础条件，也是经济社会可持续发展的重要资源。近百年来，受人类活动和自然因素的共同影响，全球正经历着以气候变暖为显著特征的变化。气候变化导致灾害性极端天气气候事件频发，积雪、冰川和冻土融化加速，水资源分布失衡，生物多样性受到威胁；受海洋热膨胀和冰川冰盖消融影响，全球海平面持续上升，海岸带和沿海地区遭受更为严重的洪涝、风暴等自然灾害，低海拔岛屿和沿海低洼地带甚至面临被淹没的威胁。气候变化对全球自然生态系统和经济社会都产生了广泛影响。

青藏高原是气候变化的敏感区、生态环境的脆弱区，全球气候变化对青藏高原的影响日益显著，对西藏的自然生态环境和经济社会可持续发展的潜在影响日益加大。青藏高原又是影响我国中东部天气系统的上游地区，主要灾害性天气的策源地。因此，研究和分析青藏高原天气气候、气候变化及其影响，对科学应对气候变化、有效防御气象灾害意义重大而深远。

西藏自然资源丰富，但生态环境脆弱。气候的微小波动往往会引起环境的重大变化。要实现经济社会可持续发展，研究气候的重要性不言而喻。特别是近 50 年来，西藏气候的变化不仅导致了区域内各种气象灾害的频发和加剧，而且导致雪线上升、冰川退缩、冻土消融、病虫害加剧等，对区域的经济社会发展构成严重威胁，影响了作为国家生态安全屏障的功能。

2011 年以来，西藏自治区气象局连续 8 年发布年度《西藏气候变化监测公报》，2018 年发布的监测公报，给出了中国、亚洲和全球气候变化状态的最新监测信息，揭示了西藏近 58 年（1961—2018 年）大气圈（气温、降水、极端气候事件指数、天气现象）、冰冻圈（冰川、积雪、冻土）和陆面生态（地温、湖泊、植被、生态气候）等方面的基本科学事实。

在本书编写出版过程中，得到了西藏自治区气象局各位领导的关心，国家气候中心、西藏自治区气象信息网络中心提供了大量的气候系统观测资料和基础数据，在此一并对编写《西藏气候变化监测公报（2018 年）》付出辛勤劳动的科技工作者表示诚挚的感谢！

编者

2019 年 4 月

编写说明

一、数据来源和其他背景

1. 本公报中全球、亚洲和全国气候变化数据引自中国气象局气候变化中心发布的《中国气候变化蓝皮书(2019 年)》。

2. 本公报中所用西藏数据均来自西藏自治区气象信息网络中心。

3. 本公报常年值是指 1981—2010 年气候基准期的常年平均值。凡是使用其他平均期的值,则用“平均值”一词,全球温度距平是相对于 1961—1990 年的平均值。

4. 本公报计算极端气候事件指数采用 1981—2010 年为基准期。

5. 本公报中 1961—2018 年西藏地表年平均气温、年降水量和年日照时数等气象要素,是指西藏 18 个气象站(附图)年平均气温、降水量和日照时数等气象要素的平均值。

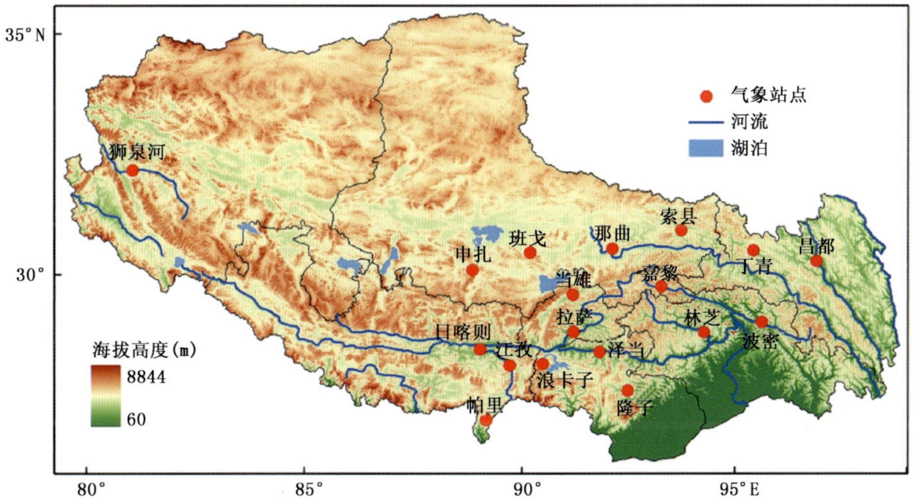

附图　西藏自治区气象站点分布

二、术语表

全球地表平均温度:指与人类生活的生物圈关系密切的平均地球表面的温度,通常是基于按面积加权的海洋表面温度和陆地表面 1.5 m 处的表面气温的全球平均值。

地表平均气温：指某一段时间内，陆地表面气象观测规定高度(1.5 m)上的空气温度值的面积加权平均值。

西藏地表平均气温：指某一段时间内，西藏自治区18个气象站，地面气象观测规定高度(1.5 m)上的空气温度值的平均值。

西藏平均年降水量：指西藏自治区18个站一年降水量总和的平均值。

西藏平均年降水日数：指西藏自治区18个站点一年中降水量≥0.1 mm日数的平均值。

活动积温：指植物在整个年生长期中≥生物学最低温度之和，即≥某一临界温度值的日平均气温的总和。

霜冻日数：日最低气温低于0 ℃的天数。

结冰日数：日最高气温低于0 ℃的天数。

生长季长度：日平均气温大于5 ℃的天数。

暖昼日数：日最高气温大于历史同期第90%分位值的日数。

冷昼日数：日最高气温小于历史同期第10%分位值的日数。

暖夜日数：日最低气温大于历史同期第90%分位值的日数。

冷夜日数：日最低气温小于历史同期第10%分位值的日数。

日最大降水量：统计时间段内最大的1日降水量。

5日最大降水量：连续5日的最大降水量。

降水强度：日降水量≥1.0 mm的总降水量与降水日数的比值。

中雨日数：日降水量≥10 mm的日数。

大雨日数：日降水量≥20 mm的日数。

强降水量：日降水量大于基准期内第95%分位值的总降水量。

极强降水量：日降水量大于基准期内第99%分位值的总降水量。

连续干旱日数：日降水量<1.0 mm的最大连续日数。

连续湿润日：日降水量≥1.0 mm的最大连续日数。

霜：是指近地面空气中水汽直接凝华在温度低于0 ℃的地面上或近地面物体上的白色松脆冰晶。一天中凡出现白霜现象时统计为一个霜日。

冰雹：一天中凡出现冰雹天气现象时统计为一个冰雹日。

大风日数：凡出现瞬时风速达到或超过17.2 m/s的当天作为一个大风日统计。

雷暴：气象观测站在一天内听到雷声则记录当地一个雷暴日。

沙尘暴：一天中凡出现能见度<1 km沙尘暴天气现象时统计为一个沙尘暴日。

最大冻土层深度：冻土层深度指地面以下最深的冻土层到地面的距离。最大冻土层深度指某段时间内冻土层深度达到的最大值。

目　　录

摘　要

气候系统的多种指标和观测表明，全球变暖趋势在持续。2018 年，全球表面平均温度比 1981—2010 年平均值偏高 0.38℃，比工业化前水平高出约 1.0 ℃，位列 2016 年、2017 年和 2015 年之后，成为有完整气象观测记录以来的第四个暖年份。2018 年，亚洲陆地表面平均气温比常年值偏高 0.58℃，是 1901 年以来的第五个高值年份。

1951—2018 年，中国地表年平均气温平均每 10 年升高 0.24 ℃，平均年降水量呈弱的增加趋势，且年代际变化明显。2018 年较常年值偏高 0.54 ℃，属偏暖年份；平均年降水量为 673.8 mm，较常年值偏多 7.0%。

1961—2018 年，西藏地表年平均气温呈显著上升趋势，平均每 10 年升高 0.32 ℃，明显高于全球（0.16 ℃/10a）、亚洲（0.26 ℃/10a）和全国（0.29 ℃/10a）；与我国八大区域比较，西藏气温升温率低于青藏高原（0.37 ℃/10a），略低于华北，高于其他区域。2018 年，西藏地表年平均气温为 4.7 ℃，比常年值偏高 0.6 ℃，是 1961 年以来第八个偏暖年。

1961—2018 年，西藏年降水量以 7.65 mm/10a 的速率呈增加趋势，尤其是近 38 年增幅较大（14.42 mm/10a）。2018 年，西藏年降水量为 503.5 mm，比常年值偏多 41.4 mm，为 1961 年以来第十六个多雨年份。

1961—2018 年，西藏年日照时数每 10 年减少 14.55 h，明显比全国平均年日照时数减幅（−33.2 h/10a）偏小；西藏日照时数减少主要表现在夏季（−6.16 h/10a）。2018 年，西藏年日照时数 2 453.6 h，较常年值偏少 282.0 h，继 2017 年后再次刷新 1961 年以来的新低。

1961—2018 年，西藏年平均总云量、蒸发皿蒸发量、平均风速均呈明显下降趋势；≥0 ℃活动积温呈显著增加趋势（61.4 ℃·d/10a），特别是近 38 年，增幅达 83.1 ℃·d /10a。2018 年西藏平均≥0 ℃活动积温为 2 203.4 ℃·d，较常年值偏高 124.2 ℃·d，是 1961 年以来第九个偏高年份。

1961—2018 年，西藏年极端最高、最低气温每 10 年分别升高 0.21 ℃和 0.62 ℃；年暖昼（夜）日数、生长季长度均呈显著上升趋势，而年冷昼（夜）日数、霜冻日数和结冰日数均表现为显著减少趋势。78%站点的年中雨日数、72%站点的年大雨日数、78%的站点年强降水量、67%的年极强降水量均表现为增多趋势；61%站点的年连续湿润日数趋于增加，而 72%站点的年连续干旱日数呈减少趋势。

1961—2018 年，西藏年霜日以 5.86 d/10a 的速度增加，而年冰雹日数、大风日数和沙尘暴日数都呈现出不同程度的减少，减幅依次为 1.94 d/10a、9.32 d/10a 和 1.25 d/10a。2018 年，年冰雹日数继 2017 年后又创 1961 年以来的最少值。2014—2018 年连续 5 年没有出现过沙尘暴。

1961—2018 年，西藏海拔 4 500 m 以上地区年最大冻土深度变浅趋势明显，平均每 10 年变浅 16.63 cm；海拔 3 200～4 500 m 地区最大冻土深度减幅为 4.81 cm/10a。

1981—2018 年，西藏年积雪日数和年最大积雪深度平均每 10 年分别减少 5.06 d 和 0.45 cm。2018 年是 2001 年以来西藏积雪面积最多的年份，总体来看，近 18 年(2001—2018 年)积雪面积呈增加趋势。

1961—2018 年，西藏年植被气候生产潜力平均每 10 年增加 126.37 kg/hm^2。2000—2018 年，西藏植被显著退化区域主要集中在中、东部。2018 年全区植被总生物量明显高于 2015 年和 2016 年，低于 2017 年。

2018 年，普若岗日冰川面积为 395.46 km^2，较 1973 年退缩 16.6%；古里雅冰川面积为 137.18 km^2，较 1977 年减少 1.34 km^2；申扎杰岗日冰川面积为 72.2 km^2，较 1976 年退缩了 38.81%；杰马央宗冰川面积为 21.39 km^2，较 1976 年退缩了 6.92%。

1972—2018 年色林错、纳木错、扎日南木错、当惹雍错、普莫雍错和塔若错均表现为扩张趋势，拉昂错、玛旁雍错、羊卓雍错、佩枯错和多庆错均呈萎缩态势。2018 年，色林错湖面面积为 2 373.18 km^2，较 1975 年扩张了 46.33%；纳木错湖面面积为 2 011.01 km^2，较 1975 年扩张了 3.31%；扎日南木错湖面面积达 1 026.07 km^2，继 2017 年又创近 44 年(1975—2018 年)新高，较 1975 年扩张了 2.65%；羊卓雍错湖面面积 550.82 km^2，较 1972 年萎缩 11.58%；玛旁雍错湖面面积为 413.0 km^2，较 1977 年萎缩 1.33%；拉昂错湖面面积 252.22 km^2，较 1977 年萎缩 8.02%。

第 1 章　全球与全国气候变化

气候系统的多种指标和观测表明，全球变暖趋势进一步持续。2018 年，全球表面平均温度为有完整气象观测记录以来的第四暖年份，比工业化前水平高出约 1.0 ℃；亚洲陆地表面年平均气温是 1901 年以来的第五高值年份；中国属于偏暖年份。本章以引用文献的方式，重点介绍全球、亚洲地表平均气温的变化趋势以及我国地表气温、降水量的气候变化事实。

1.1　全球地表平均温度

根据世界气象组织最新发布，2018 年，全球地表平均温度比 1981—2010 年平均值偏高 0.38 ℃，比工业化前水平高出约 1.0 ℃，位列 2016 年、2017 年和 2015 年之后，成为有完整气象观测记录以来的第四个暖年份（图 1.1）。过去 5 年（2014—2018 年），是有完整气象观测记录以来最暖的 5 个年份；有现代气象观测记录以来的 20 个最暖年份均出现在过去 22 年中。长序列观测资料分析表明：全球变暖趋势进一步持续。

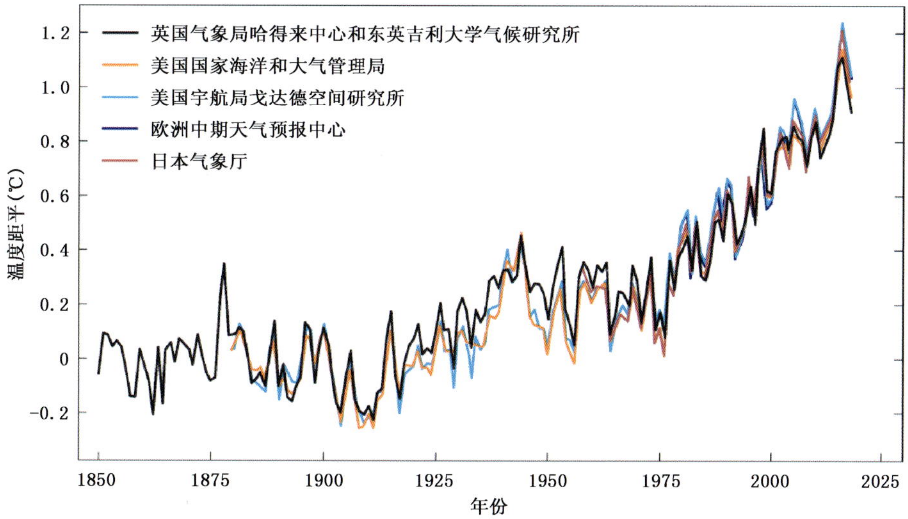

图 1.1　1850—2018 年全球地表平均温度距平变化（相对于 1850—1900 年平均值）①

① 引自《中国气候变化蓝皮书（2019 年）》，下同。

1.2 亚洲陆地表面平均气温

1901—2018 年，亚洲陆地表面年平均气温总体上呈明显上升趋势，20 世纪 60 年代末以来，升温趋势尤其显著（图 1.2）。1901—2018 年，亚洲陆地表面平均气温上升了 1.61 ℃。1951—2018 年，亚洲陆地表面平均气温呈显著上升趋势，升温速率为 0.23℃/10a。2018 年，亚洲陆地表面平均气温比常年值偏高 0.58 ℃，是 1901 年以来的第五个高值年份。

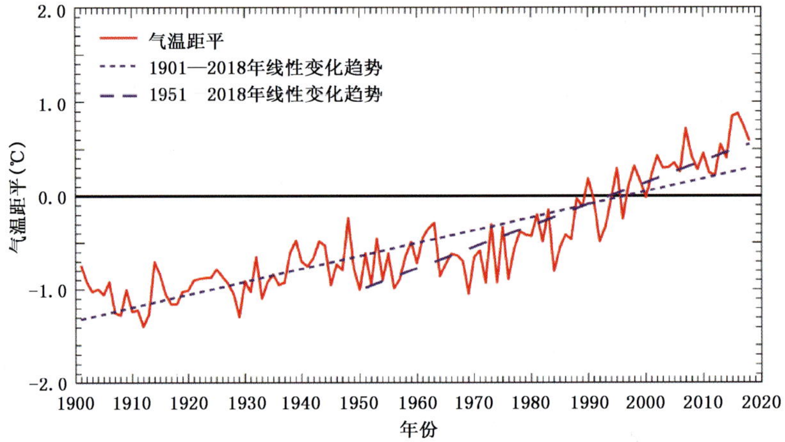

图 1.2　1901—2018 年亚洲陆地表面平均气温距平变化[①]

1.3 全国气候变化

1.3.1 气温

1901—2018 年，中国地表年平均气温呈显著上升趋势，并伴随明显的年代际波动，期间中国地表年平均气温上升了 1.24℃（图 1.3）。1951—2018 年，中国地表年平均气温呈显著上升趋势，增温速率为 0.24℃/10a。近 20 年是 20 世纪以来的最暖时期，2018 年中国地表年平均气温较常年偏高 0.54℃，属偏暖年份。

1961—2018 年，中国八大区域（华北、东北、华东、华中、华南、西南、西北和青藏高原）地表年平均气温均呈显著上升趋势，但区域间差异明显（图 1.4）。青藏高原增温速率最大，平均每 10 年升高 0.37 ℃；华北、西北和东北地区次之，升温速率依次为 0.33 ℃/10a、0.30 ℃/10a 和 0.29 ℃/10a；华东地区平均每 10 年升高 0.24 ℃；华中、华南和西南地区升温幅度相对较缓，增温速率依次为 0.19 ℃/10a、0.17 ℃/10a 和 0.16 ℃/10a。2018 年，中国八大区域平均气温均高于常年值，其中华东平均气温偏高 0.9 ℃，为 1961 年以来的第五个高值年份。

1951—2018 年，中国地表年平均最高气温呈上升趋势（图 1.5(a)），平均每 10 年升高 0.18 ℃，低于年平均气温的升高速率。20 世纪 90 年代之前，中国年平均最高气温变化相对稳定，之后呈明显上升趋势。2018 年，中国地表年平均最高气温比常年值偏高 0.5 ℃。

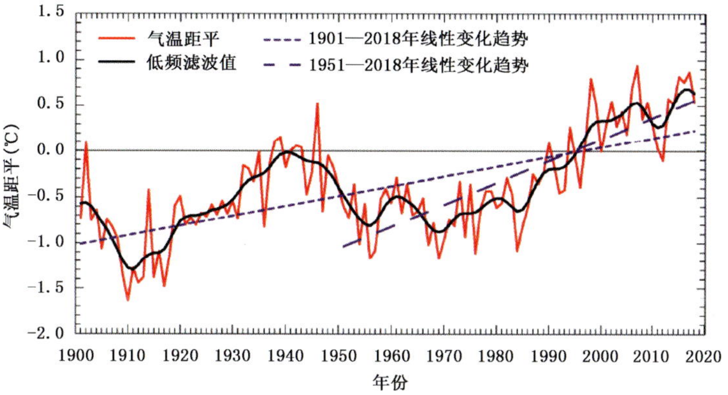

图 1.3　1901—2018 年中国地表平均气温距平变化[①]

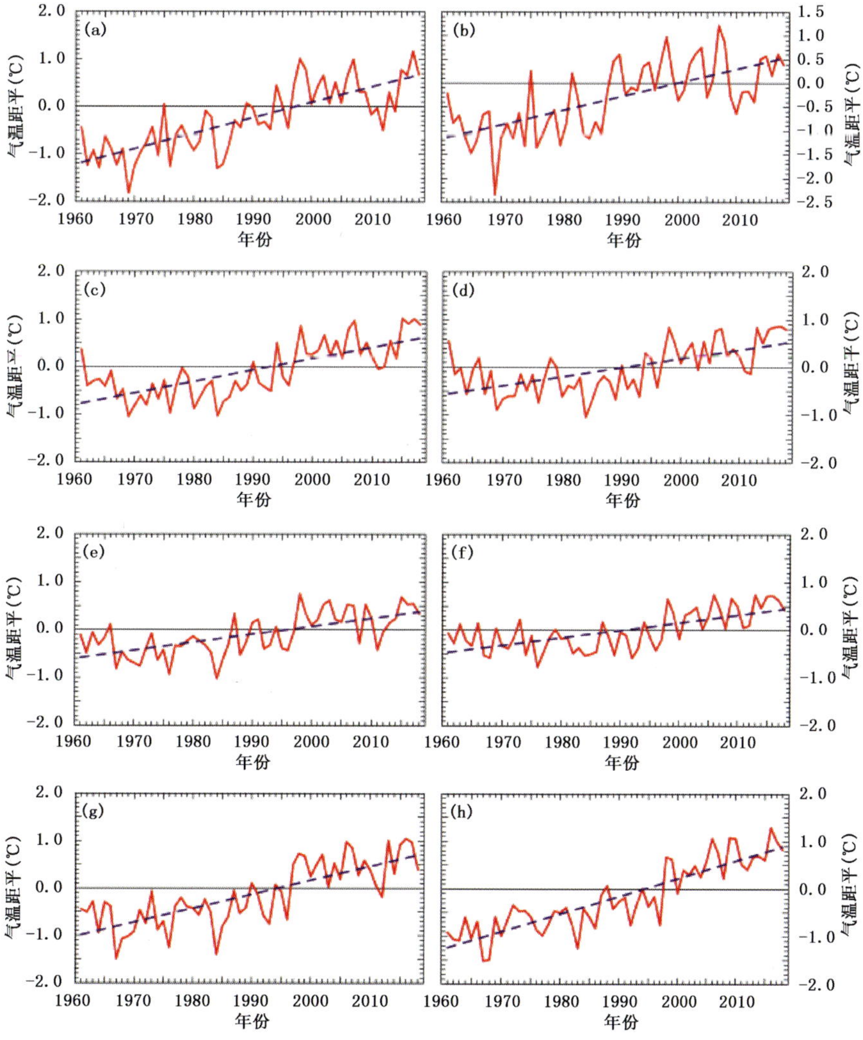

图 1.4　1961—2018 年中国八大区域地表年平均气温距平变化[①]（虚线为线性变化趋势）
(a)华北地区，(b)东北地区，(c)华东地区，(d)华中地区，(e)华南地区，(f)西南地区，(g)西北地区，(h)青藏高原

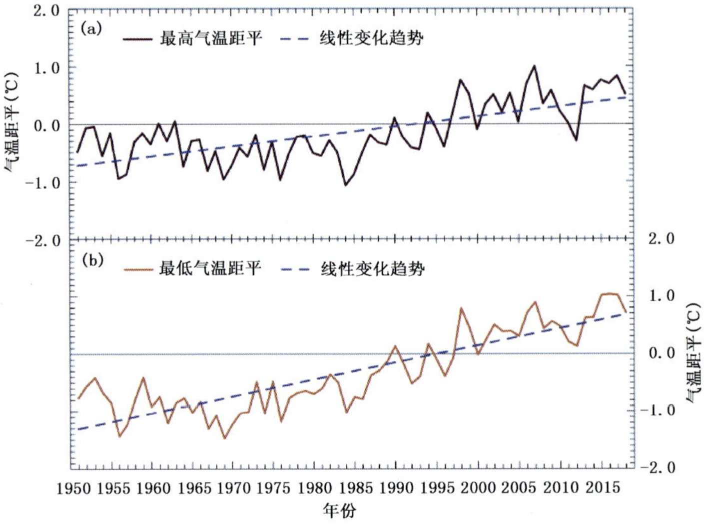

图 1.5　1951—2018 年中国地表平均最高气温(a)和平均最低气温(b)距平变化①

1951—2018 年，中国地表年平均最低气温呈显著上升趋势(图 1.5(b))，平均每 10 年升高 0.30 ℃，高于年平均气温和年最高气温的上升速率。20 世纪 70 年代初以来，最低气温上升趋势尤为明显；2001 年以后，最低气温持续高于常年值。2018 年，中国地表年平均最低气温比常年值偏高 0.7 ℃。

1.3.2　降水

1961—2018 年，中国平均年降水量呈微弱的增加趋势，且年代际变化明显。2016 年、1998 年和 1973 年是排名前三位的降水高值年，2011 年、1986 年和 2009 年是降水前三位的降水低值年。20 世纪 80—90 年代中国平均年降水量以偏多为主，21 世纪最初 10 年总体偏少，2012 年以来降水量持续偏多(图 1.6)。2018 年，中国平均降水量为 673.8 mm，较常年值偏多 7.0%。与常年值相比，2018 年中国北方大部分地区降水偏多，南方地区降水接近常年，东北地区中北部、西北地区中东部及内蒙古中西部、山东中部、安徽东北部、四川中东部、新疆西南部、西藏中西部、海南大部等降水量偏多 20%至 1 倍，局地偏多 1 倍以上；辽宁中部、新疆东南部等地降水量偏少 20%～50%。

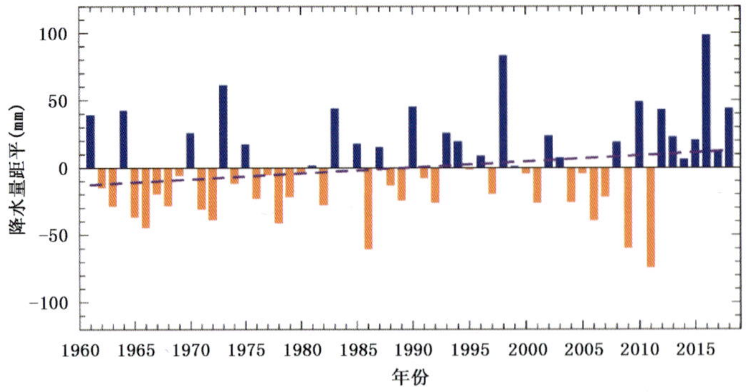

图 1.6　1961—2018 年中国平均年降水量距平变化①

1961—2018年，中国八大区域平均年降水量变化趋势差异明显(图1.7)。青藏高原平均年降水量呈增多趋势，平均每10年增加10.0 mm；西南地区平均年降水量总体呈弱的减少趋势，但近5年转入降水偏多阶段；华北、东北、华东、华中、华南和西北地区年降水量无明显线性变化趋势，但均存在年代际波动变化。21世纪初以来，华北、华南和西北地区平均年降水量波动上升，而东北和华东地区降水量年际波动幅度增大。2018年，华东地区平均降水量较常年值偏少，华南地区接近常年，其余地区均较常年值偏多，其中青藏高原平均降水量为1961年以来的最高值，西南地区平均降水量为2000年以来最多。

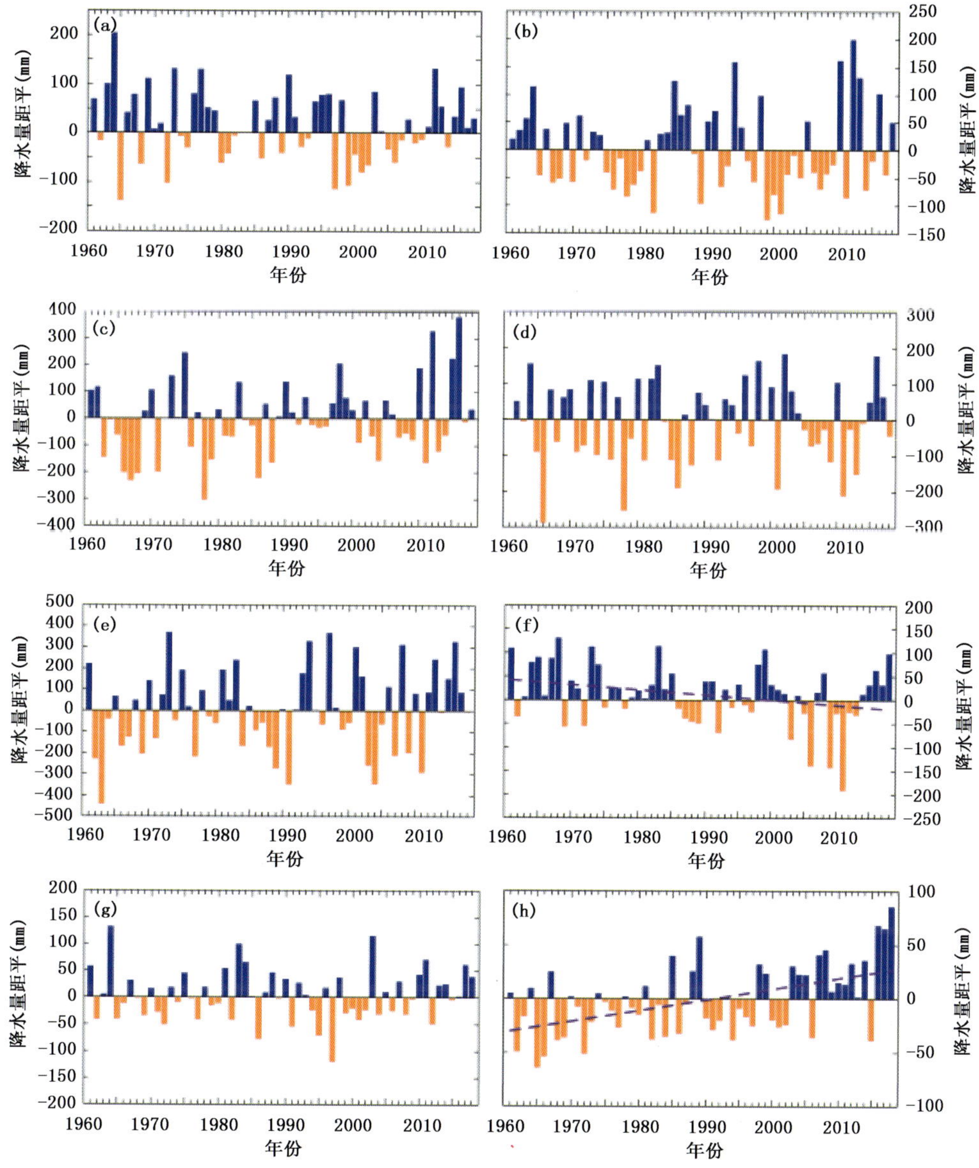

图1.7　1961—2018年中国八大区域年降水量距平变化[①]

(a)华北地区，(b)东北地区，(c)华东地区，(d)华中地区，

(e)华南地区，(f)西南地区，(g)西北地区，(h)青藏高原

第 2 章　西藏自治区气候要素的变化

在全球气候变暖的大背景下，西藏气候也发生了明显的变化，近 58 年（1961—2018 年）总体上呈现为暖湿化的特征，日照时数、蒸发量、平均风速均呈显著减少趋势。年极端最高、最低气温趋于升高，年暖昼（夜）日数、生长季长度均呈显著增加趋势，而年冷昼（夜）日数、霜冻日数和结冰日数都表现为显著的减少趋势。年中雨日数、大雨日数、连续湿润日数均趋于增多，而年连续干旱日数呈减少趋势。

2.1　基本要素

2.1.1　平均气温

2.1.1.1　全区

1961—2018 年，西藏地表年平均气温呈显著上升趋势，平均每 10 年升高 0.32 ℃（$P<0.001$，P 为显著性检验水平，下同；图 2.1），升温主要表现在秋、冬两季（表 2.1），尤其是近 28 年（1991—2018 年）升温更明显，冬季升温率达 0.86 ℃/10a。近 58 年（1961—2018 年）西藏地表升温率明显高于全球（0.16 ℃/10a，$P<0.001$）、亚洲（0.26 ℃/10a，$P<0.001$）和全国（0.29 ℃/10a，$P<0.001$）。与我国八大区域比较（表 2.2），西藏地表年平均气温升温率低于青藏高原，略低于华北，高于其他各区域。2018 年，西藏地表年平均气温为 4.7 ℃，比常年值偏高 0.6 ℃，是 1961 年以来第八个偏暖年；较 2017 年偏低 0.4 ℃。

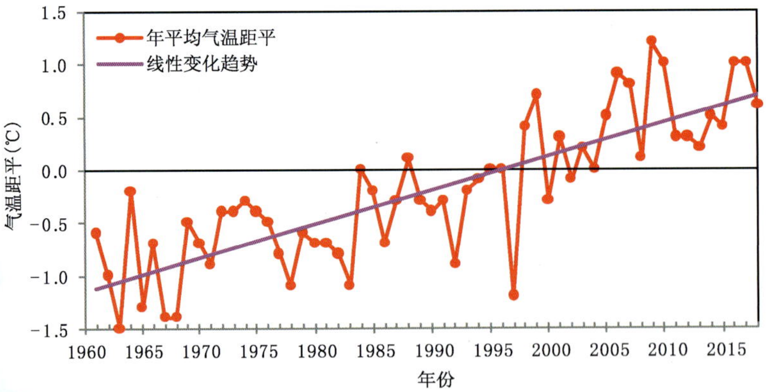

图 2.1　1961—2018 年西藏地表年平均气温距平变化

表 2.1 西藏地表平均气温升温率(℃/10a)

时间段(年)	年	冬季	春季	夏季	秋季
1961—2018	0.32***	0.48***	0.26***	0.25***	0.32***
1991—2018	0.46***	0.86***	0.24	0.41***	0.39**

注：*，**，*** 分别表示通过 0.05,0.01 和 0.001 显著性检验水平。

表 2.2 1961—2018 年全球、亚洲和中国八大区域地表年平均气温的升温率(℃/10a)

区域	全球	亚洲	中国	华北	东北	华东	华中	华南	西南	西北	青藏高原
升温率	0.16	0.26	0.29	0.33	0.29	0.24	0.19	0.17	0.16	0.30	0.37

从 1961—2018 年西藏地表年平均气温变化趋势空间分布来看(图 2.2)，各站点地表年平均气温均呈显著的升高趋势，平均每 10 年升高 0.19～0.54 ℃(P<0.001)，其中那曲最大，班戈次之(0.50 ℃/10a)，昌都最小。

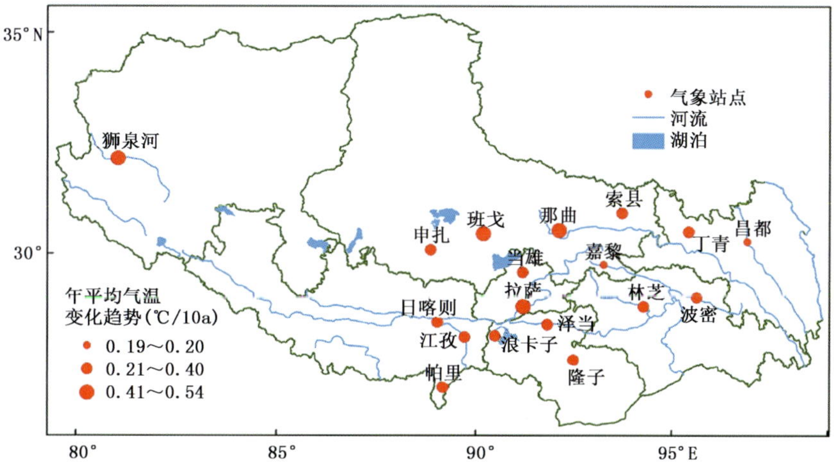

图 2.2 1961—2018 年西藏地表年平均气温变化趋势空间分布

就四季平均气温变化趋势的地域分布而言，近 58 年(1961—2018 年)西藏各站季平均气温均表现为升高趋势，主要表现在秋、冬两季。春季升温率为 0.06～0.48 ℃/10a(图 2.3(a)；除昌都、嘉黎外，其余站 P<0.01)，其中狮泉河最高，拉萨次之(0.43 ℃/10a)，嘉黎最低。夏季(图 2.3(b))，各地升温率为 0.09～0.41 ℃/10a(16 个站 P<0.001)，以拉萨最高，其次是那曲(0.37 ℃/10a)，嘉黎最低。各站秋季升温率为 0.14～0.52 ℃/10a(图 2.3(c)，16 个站 P<0.001)，以拉萨和那曲最高，其次是狮泉河和班戈(0.48 ℃/10a)，昌都最低。各站冬季平均气温升温率为 0.27～0.94 ℃/10a(图 2.3(d)，16 个站 P<0.001)，以班戈最高，那曲次之(0.84 ℃/10a)，隆子最低，其中那曲市大部、拉萨、当雄和浪卡子升温率大于 0.50 ℃/10a。

根据 1981—2018 年西藏 7 个地(市)地表年平均气温变化趋势的分析(图 2.4)来看，阿里地区升温率最大，达 0.62 ℃/10a；其次是那曲市，为 0.51 ℃/10a；山南市最小，为 0.29 ℃/10a；拉萨市、昌都市、林芝市和日喀则市升温率分别为 0.45 ℃/10a、0.40 ℃/10a、0.33 ℃/10a 和 0.35 ℃/10a。

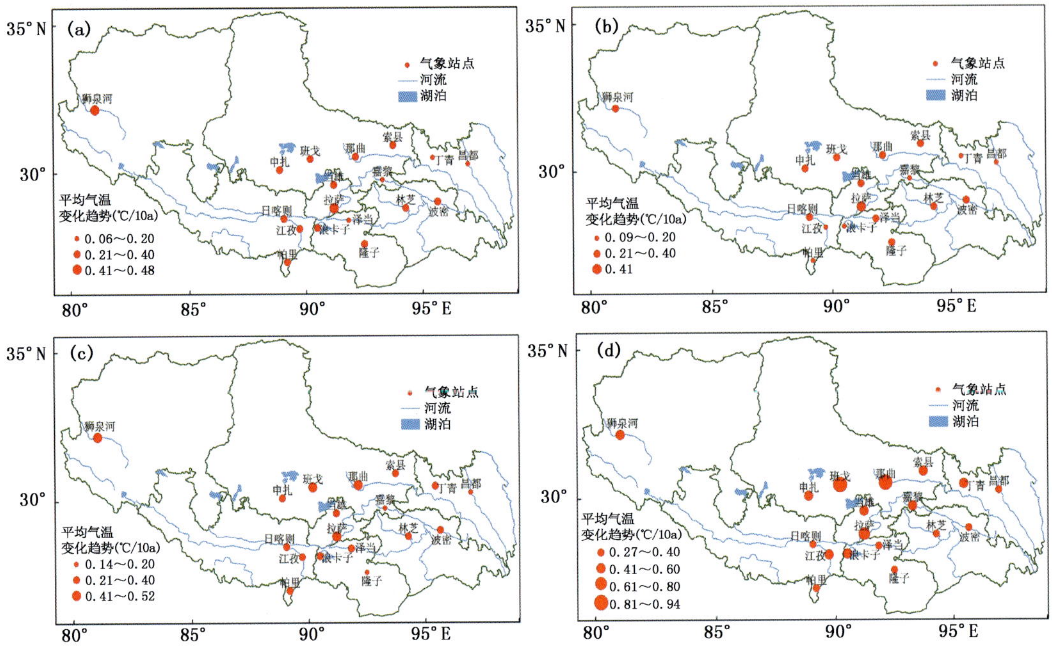

图 2.3　1961—2018 年西藏地表四季平均气温变化趋势空间分布
(a)春季,(b)夏季,(c)秋季,(d)冬季

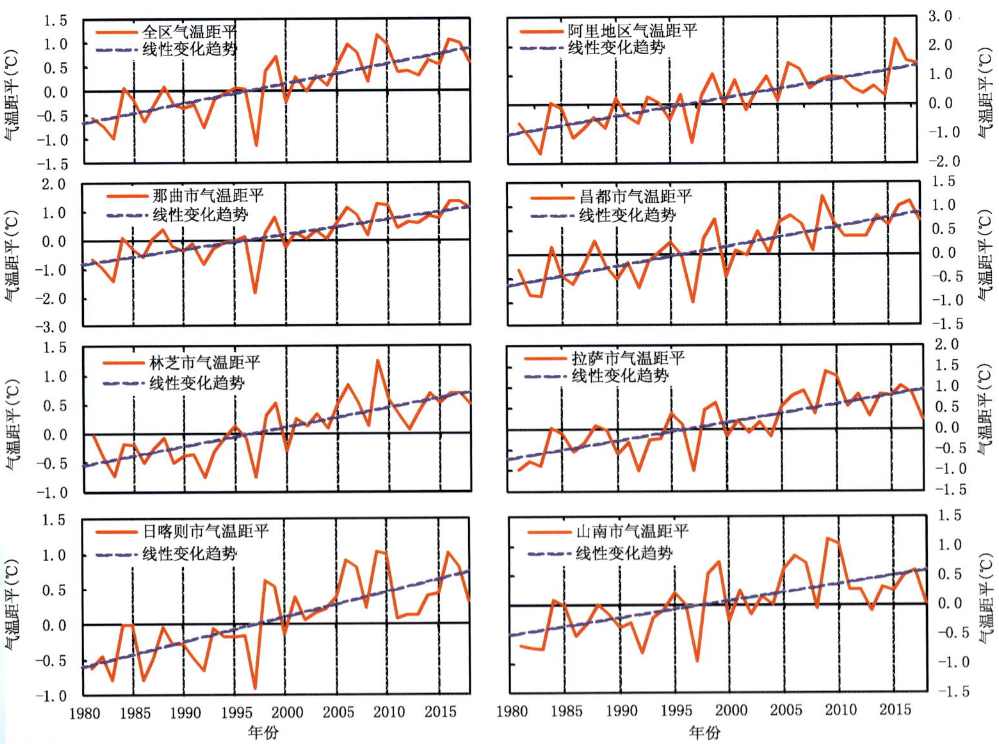

图 2.4　1981—2018 年西藏全区及各地(市)地表年平均气温距平变化

2.1.1.2　拉萨站

1952—2018 年，拉萨国家基本站地表年平均气温呈显著升高趋势，升温率为 0.37 ℃/10a (P<0.001，图 2.5)。20 世纪 50—80 年代气温以偏低为主，进入 90 年代后，气温快速升高，1991—2018 年平均每 10 年升高 0.61 ℃(P<0.001)。

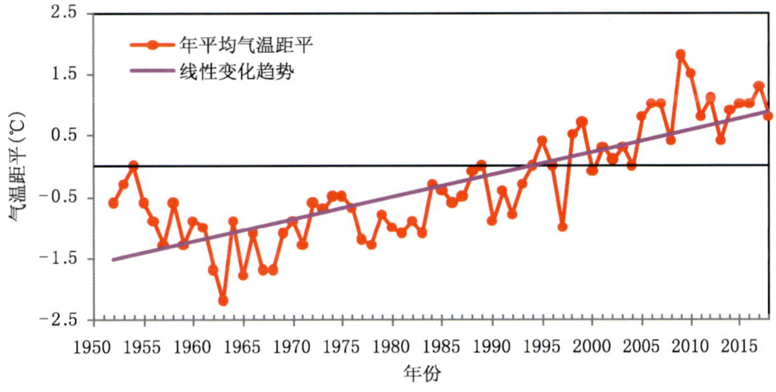

图 2.5　1952—2018 年拉萨地表年平均气温距平变化

2018 年，拉萨站年平均气温为 9.3 ℃，较常年偏高 0.8 ℃，为 1952 年以来，与 2005 年、2011 年并列第十一个偏暖年份。

从拉萨四季地表平均气温的变化趋势来看(表 2.3)，各时间段季平均气温均表现为升高趋势，主要表现在冬季，尤其是近 28 年(1991—2018 年)，冬季升温率达 0.89 ℃/10a，秋季升温率次之，达到 0.64 ℃/10a。

表 2.3　拉萨地表平均气温升温率(℃/10a)

时间段(年)	年	冬季	春季	夏季	秋季
1952—2018	0.37****	0.49****	0.26****	0.35****	0.37****
1981—2018	0.58****	0.81****	0.50****	0.39****	0.66****
1991—2018	0.61****	0.89****	0.39*	0.56***	0.64****

注：*，**，***，**** 分别表示通过 0.10，0.05，0.01 和 0.001 显著性检验水平。

在 10 年际变化尺度上(表 2.4)，20 世纪 60 年代以来，拉萨年、季地表平均气温表现为逐年代增高的变化特征，20 世纪 60 年代是最冷的 10 年，21 世纪最初 10 年是最暖的 10 年，特别是冬季更为突出，后者比前者偏高 2.8 ℃。

表 2.4　拉萨地表平均气温的各年代平均距平(℃)

年代	年	冬季	春季	夏季	秋季
20 世纪 50 年代	−0.7	−1.2	−0.1	−1.1	−0.6
20 世纪 60 年代	−1.4	−1.7	−1.2	−1.3	−1.5
20 世纪 70 年代	−0.9	−1.0	−0.8	−1.0	−0.7
20 世纪 80 年代	−0.6	−0.8	−0.7	−0.3	−0.7
20 世纪 90 年代	−0.1	−0.4	0.2	−0.3	0.0
21 世纪最初 10 年	0.7	1.1	0.5	0.5	0.7

注：距平为各年代平均值与 1981—2010 年平均值的差。

2.1.1.3 昌都站

1953—2018 年，昌都国家基准站地表年平均气温呈显著升高趋势，升温率为 0.12 ℃/10a（$P<0.001$，图 2.6）。20 世纪 50—80 年代气温以振荡为主，进入 90 年代后，气温明显升高，1991—2018 年升温率为 0.40 ℃/10a（$P<0.001$）。2018 年，昌都站年平均气温为 8.5 ℃，较常年值偏高 0.7 ℃，为 1953 年以来，与 1958 年、2006 年、2010 年和 2016 年并列第四个偏暖年份。

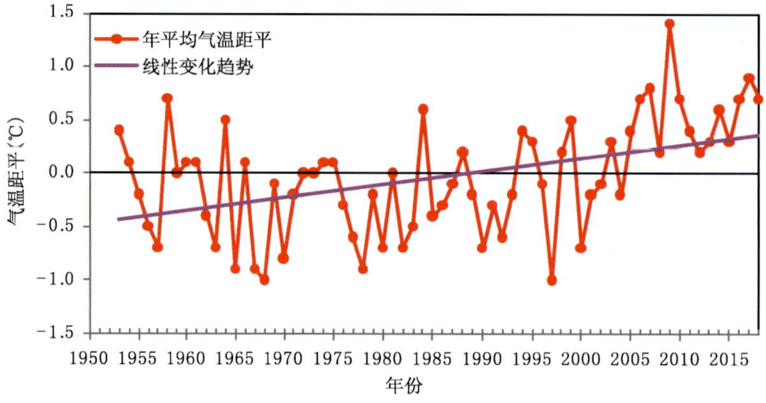

图 2.6　1953—2018 年昌都地表年平均气温距平变化

从昌都四季地表平均气温变化趋势来看（表 2.5），各时间段气温均表现为升高趋势，尤其是冬季。近 28 年（1991—2018 年）升温幅度较大，冬季升温率达 0.66 ℃/10a，夏季升温率为 0.48 ℃/10a。

表 2.5　昌都地表平均气温升温率（℃/10a）

时间段（年）	年	冬季	春季	夏季	秋季
1953—2018	0.12****	0.27****	0.04	0.11**	0.08
1981—2018	0.30****	0.51****	0.24**	0.22**	0.23**
1991—2018	0.40****	0.66****	0.20	0.48****	0.33*

注：*，**，***，**** 分别表示通过 0.10，0.05，0.01 和 0.001 显著性检验水平。

在 10 年际变化尺度上（表 2.6），总体来看，20 世纪 60 年代以来，昌都年、季地表平均气温呈逐年代增高的变化特征，20 世纪 60 年代是最冷的 10 年，21 世纪最初 10 年是最暖的 10 年。在冬季，两个年代平均气温相差 1.6 ℃。

表 2.6　昌都地表平均气温的各年代平均距平（℃）

年代	年	冬季	春季	夏季	秋季
20 世纪 50 年代	0.0	−0.5	0.4	0.0	0.1
20 世纪 60 年代	−0.4	−0.8	−0.1	−0.4	−0.4
20 世纪 70 年代	−0.3	−0.7	−0.1	−0.3	−0.1
20 世纪 80 年代	−0.2	−0.4	−0.3	0.0	−0.2
20 世纪 90 年代	−0.1	−0.4	0.1	−0.3	−0.1
21 世纪最初 10 年	0.4	0.8	0.2	0.3	0.4

注：距平为各年代平均值与 1981—2010 年平均值的差。

2.1.2 平均最高气温和最低气温

2.1.2.1 全区

1961—2018 年,西藏地表年平均最低气温呈显著升高趋势(图 2.7(a),表 2.7),平均每 10 年升高 0.41 ℃($P<0.001$),高于年平均气温的升温率;1991—2018 年升温率达到 0.51 ℃/10a($P<0.001$)。同样,地表年平均最高气温也呈明显升高趋势(图 2.7(b),表 2.7),平均每 10 年升高 0.29 ℃($P<0.001$),但低于年平均气温和平均最低气温的上升速率。1997 年以前西藏年平均最高气温变化相对稳定,之后呈明显上升趋势;1991—2018 年升温率为 0.55 ℃/10a($P<0.001$)。四季平均最高、最低气温的升温主要表现在冬季(表 2.7),尤其是近 28 年(1991—2018 年)冬季平均最高气温升温率达 1.14 ℃/10a($P<0.001$),大于冬季平均最低气温的升温率。

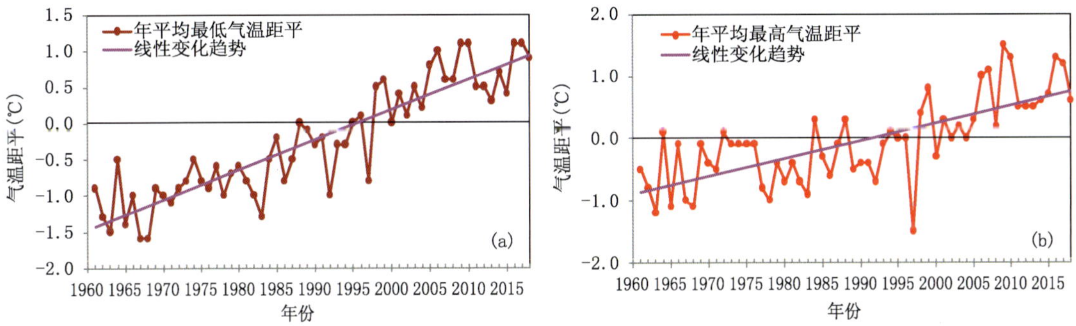

图 2.7 1961—2018 年西藏地表年平均最低气温(a)和年平均最高气温(b)距平变化

表 2.7 西藏地表平均最高气温和平均最低气温的升温率(℃/10a)

要素	时间段(年)	年	冬季	春季	夏季	秋季
平均最高气温	1961—2018	0.29***	0.45***	0.20**	0.20***	0.30***
	1991—2018	0.55***	1.14***	0.24	0.27**	0.50**
平均最低气温	1961—2018	0.41***	0.56***	0.40***	0.32***	0.37***
	1991—2018	0.51***	0.71***	0.39***	0.56***	0.41**

注:*,**,*** 分别表示通过 0.05,0.01 和 0.001 显著性检验水平。

2018 年,西藏地表年平均最高气温为 12.3 ℃,比常年值偏高 0.6 ℃,是 1961 年以来并列第九个高值年份。年平均最低气温为 −1.4 ℃,比常年值偏高 0.9 ℃,是 1961 年以来第六个高值年份。

从 1961—2018 年西藏地表年平均最高气温变化趋势空间分布来看,各站点地表年平均最高气温均表现为升高趋势(图 2.8(a)),平均每 10 年升高 0.09~0.46 ℃(除嘉黎未通过显著性检验外,其余站 $P<0.001$),其中拉萨升温幅度最大,其次是索县(0.41 ℃/10a),嘉黎最小;那曲市大部、拉萨、当雄、隆子和狮泉河升温率大于 0.30 ℃/10a。在四季变化趋势上,平均最高气温表现出以下特征:(1)最大升温率除狮泉河出现在春季外,其余站点均发生在冬季;(2)春季(图略),平均最高气温在嘉黎站表现为较弱的降温趋势,其他各站呈升温趋势且 66.7% 的站点 $P<0.05$;(3)夏季,平均最高气温在帕里站无变化(图 2.8(b)),其他各站为升温趋势

且 77.8%的站点 $P<0.05$;(4)秋季(图略)、冬季(图 2.8(c))各站均表现为升温趋势($P<0.05$ 的站点依次为 16 个和 18 个),升温率分别为 0.06～0.49℃/10a(拉萨最大、嘉黎最小)和 0.29～0.62 ℃/10a(索县最大、江孜最小)。

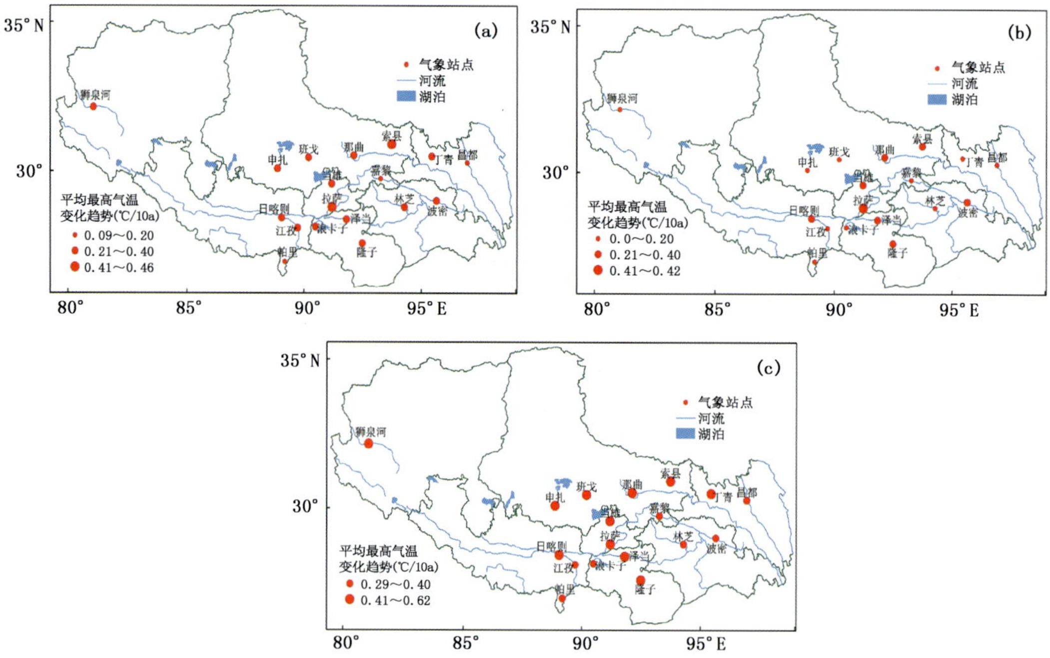

图 2.8　1961—2018 年西藏地表年、季平均最高气温变化趋势空间分布
(a)年,(b)夏季,(c)冬季

近 58 年(1961—2018 年)西藏各站地表年平均最低气温均表现为明显升高趋势(图 2.9(a)),平均每 10 年升高 0.11～0.79 ℃(所有站 $P<0.001$),以那曲升温率最大,其次是班戈(0.76 ℃/10a),隆子最小。在四季变化趋势上,平均最低气温最大升温率出现的季节不同,日喀则、隆子、林芝在春季,狮泉河在夏季,其余站点均表现在冬季。平均最低气温除隆子在秋季无变化外,其他各站四季均呈升温趋势,其中春季升温率为 0.20～0.72 ℃/10a(所有站点 $P<0.01$),以那曲和拉萨最大,其次是班戈(0.68 ℃/10a),隆子最小;夏季升温率为 0.14～0.64 ℃/10a(图 2.9(b),所有站点 $P<0.05$),以狮泉河最大,那曲次之(0.62 ℃/10a),江孜最小;秋季隆子呈弱的下降趋势,其他各站升温率为 0.13～0.72 ℃/10a(17 个站点 $P<0.05$),以那曲最大,狮泉河其次(0.68 ℃/10a),泽当最小;冬季升温率为 0.10～1.30 ℃/10a(图 2.9(c),17 个站点 $P<0.05$),以班戈最大,那曲次之(1.16 ℃/10a),隆子最小。

2.1.2.2　拉萨站

1952—2018 年,拉萨国家基本站地表年平均最高气温和年平均最低气温均表现为显著的上升趋势(图 2.10,表 2.8),升温率分别为 0.32 ℃/10a($P<0.001$)和 0.57 ℃/10a($P<0.001$),主要表现在冬季。进入 20 世纪 90 年代后,最高和最低气温快速上升,近 28 年(1991—2018 年)升温率分别达到 0.62 ℃/10a($P<0.001$)和 0.79 ℃/10a($P<0.001$),其中冬季最高气温上升更明显,平均每 10 年升高 1.22℃。

2018 年,拉萨站年平均最高气温为 16.9 ℃,较常年值偏高 0.6 ℃,为 1952 年以来第十三个高值年份。年平均最低气温为 3.5 ℃，较常年值偏高 1.3 ℃，是 1952 年以来与 2006 年、2007 年、2014 年和 2015 年并列第五个高值年份。

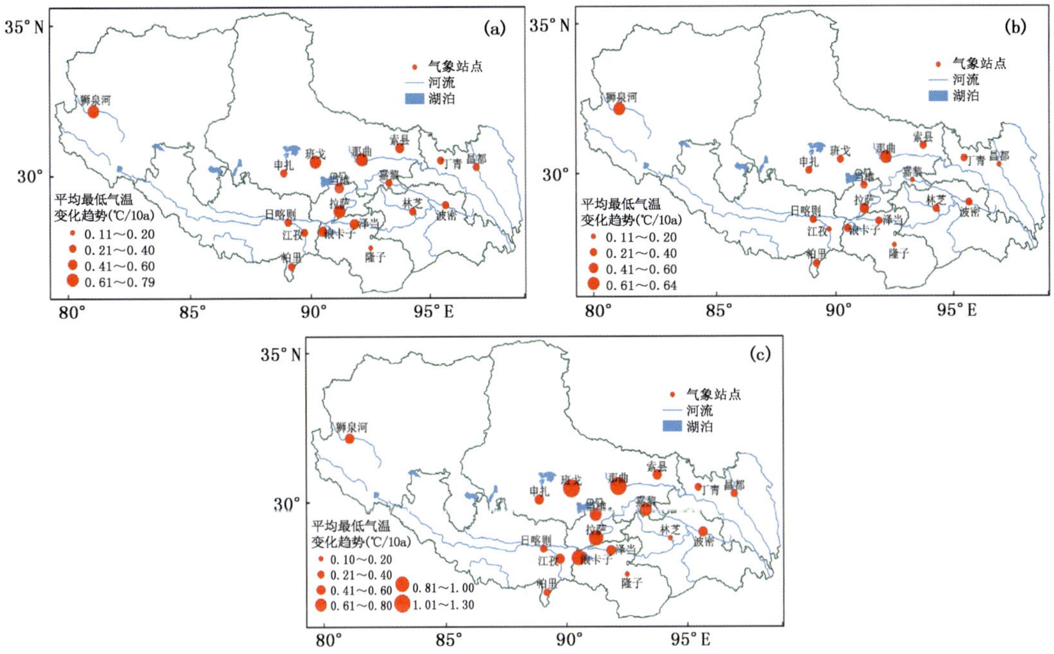

图 2.9　1961—2018 年西藏地表年、季平均最低气温变化趋势空间分布
(a)年，(b)夏季，(c)冬季

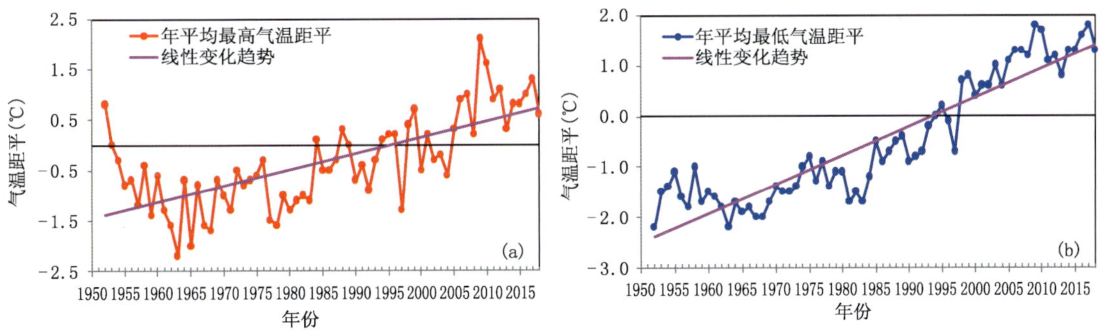

图 2.10　1952—2018 年拉萨地表年平均最高气温(a)和年平均最低气温(b)距平变化

表 2.8　拉萨地表平均最高气温和平均最低气温的升温率(℃/10a)

时间段(年)	年	冬季	春季	夏季	秋季
1952—2018	0.32*** /0.57***	0.46*** /0.71***	0.21*** /0.58***	0.36*** /0.47***	0.30*** /0.53***
1981—2018	0.52*** /0.88***	0.93*** /1.03***	0.38*** /0.88***	0.24*** /0.69***	0.56*** /0.94***
1991—2018	0.62*** /0.79***	1.22*** /0.95***	0.20/0.74***	0.47* /0.75***	0.66** /0.77***

注：*，**，*** 分别表示通过 0.05，0.01 和 0.001 显著性检验水平；"/"前后数字分别为平均最高气温和平均最低气温的升温率。

从拉萨站平均最高(最低)气温在10年际变化尺度上来看(表2.9),20世纪50—80年代年、季气温均为负距平;90年代冬季和夏季气温为负距平,春、秋两季气温为正常或正距平;进入21世纪初,年、季平均最高(最低)气温均表现正距平,尤其是冬季。20世纪60年代至21世纪最初10年表现为逐年代增温的变化特征,60年代是最冷的10年,21世纪最初10年是最暖的10年。21世纪最初10年与20世纪60年代比较,年平均最高气温和最低气温分别偏高1.9 ℃和2.9 ℃;冬季更明显,平均最高气温和最低气温分别偏高2.4 ℃和3.9 ℃。

表2.9 拉萨地表平均最高气温和平均最低气温的各年代平均距平(℃)

年代	年	冬季	春季	夏季	秋季
20世纪50年代	−0.5/−1.5	−0.7/−1.8	−0.1/−1.5	−1.2/−1.5	−0.1/−1.4
20世纪60年代	−1.4/−1.8	−1.2/−2.6	−1.2/−1.9	−1.6/−1.2	−1.3/−1.5
20世纪70年代	−1.0/−1.2	−0.9/−1.6	−0.8/−1.4	−1.2/−1.0	−0.9/−0.8
20世纪80年代	−0.5/−1.0	−0.7/−1.1	−0.6/−1.1	−0.1/−0.7	−0.5/−1.1
20世纪90年代	−0.2/0.0	−0.6/−0.1	0.3/0.0	−0.3/−0.2	0.0/0.1
21世纪最初10年	0.5/1.1	1.2/1.3	0.3/1.0	0.3/0.9	0.4/1.2

注:距平为各年代平均值与1981—2010年平均值的差;“/”前后数字分别为平均最高气温和平均最低气温的距平。

2.1.2.3 昌都站

1954—2018年,昌都国家基准站地表年平均最高气温和年平均最低气温都表现为明显上升趋势(图2.11,表2.10),升温率分别为0.14 ℃/10a($P<0.01$)和0.18 ℃/10a($P<0.001$),主要表现在冬季。近38年(1981—2018年)年平均最高气温和最低气温上升速度更快,升温率分别达到0.33 ℃/10a($P<0.001$)和0.39 ℃/10a($P<0.001$),以冬、春季升温为主。进入90年代后,平均最高气温在春季升温率明显变小,其他三季最高气温继续升高;而四季平均最低气温上升趋势更显著,升温率为0.40～0.56 ℃/10a($P<0.05$),以夏季最高。

2018年,昌都站年平均最高气温为17.3 ℃,较常年值偏高0.4 ℃,为1954年以来并列第十三个高值年份。年平均最低气温为2.1 ℃,较常年值偏高1.0 ℃,是1954年以来与2010年并列第二个高值年份。

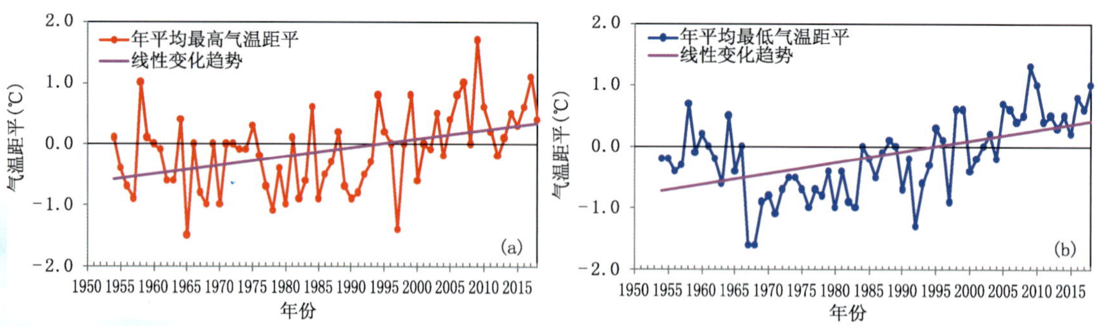

图2.11 1954—2018年昌都地表年平均最高气温(a)和年平均最低气温(b)距平变化

表 2.10　昌都地表平均最高气温和平均最低气温的升温率(℃/10a)

时间段(年)	年	冬季	春季	夏季	秋季
1954—2018	0.14**/0.18***	0.32***/0.25***	0.03/0.17***	0.17*/0.14**	0.05/0.15*
1981—2018	0.33***/0.39***	0.65***/0.49***	0.26*/0.35***	0.20/0.35***	0.18/0.37***
1991—2018	0.37**/0.48***	0.80**/0.53**	0.06/0.40**	0.51*/0.56***	0.17/0.44**

注：*，**，*** 分别表示通过 0.05,0.01 和 0.001 显著性检验水平；“/”前后数字分别为平均最高气温和平均最低气温的升温率。

在 10 年际变化尺度上(表 2.11)，总体来看，20 世纪 70 年代至 21 世纪初昌都年、季平均最高(最低)气温表现为逐年代上升的变化特征。年平均最高气温最小值出现在 20 世纪 60 年代，而年平均最低气温最小值出现在 70 年代。四季平均最高(最低)气温的最小值出现的年代也不尽相同。不过，年、季平均最高(最低)气温的最大值均出现在 21 世纪最初 10 年里。21 世纪最初 10 年与 20 世纪 60 年代比较，昌都年平均最高气温和平均最低气温均偏高 1.0 ℃；在冬季，平均最高气温和平均最低气温分别偏高 1.9 ℃和 1.6 ℃。

表 2.11　昌都地表平均气温的各年代平均距平(℃)

年代	年	冬季	春季	夏季	秋季
20 世纪 60 年代	−0.5/−0.6	−0.8/−0.8	−0.1/−0.4	−0.7/−0.1	−0.3/−0.6
20 世纪 70 年代	−0.3/−0.7	−0.7/−1.1	−0.1/−0.5	−0.2/−0.6	−0.3/−0.5
20 世纪 80 年代	−0.4/−0.4	−0.6/−0.4	−0.5/−0.3	0.0/−0.1	−0.3/−0.4
20 世纪 90 年代	−0.2/−0.2	−0.5/−0.3	0.2/0.0	−0.3/−0.2	−0.1/−0.1
21 世纪最初 10 年	0.5/0.4	1.1/0.8	0.3/0.4	0.3/0.4	0.3/0.4

注：距平为各年代平均值与 1981—2010 年平均值的差；“/”前后数字分别为平均最高气温和平均最低气温的距平。

2.1.3　气温年较差和日较差

2.1.3.1　气温年较差

1961—2018 年，西藏气温年较差表现为明显变小趋势，平均每 10 年减小 0.27 ℃($P<0.01$，图 2.12)；近 28 年(1991—2018 年)气温年较差也趋于减小，为−0.29 ℃/10a(未通过显著性检验)。

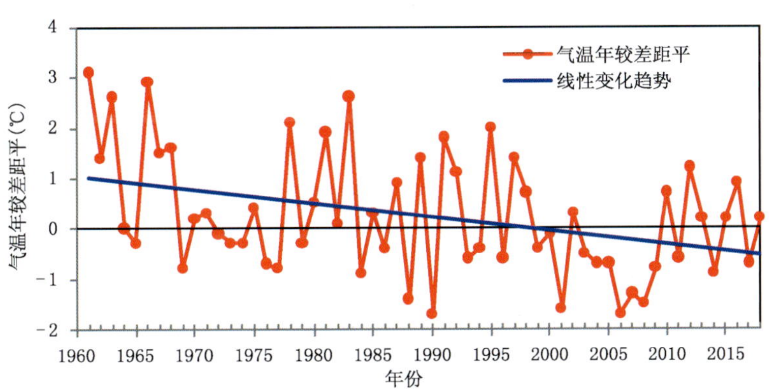

图 2.12　1961—2018 年西藏气温年较差距平变化

2018 年西藏气温年较差为 19.3 ℃，较常年值偏大 0.2 ℃，为 1961 年以来并列第二十五个高值年份。各地气温年较差在 15.8～24.5 ℃，以林芝最小、狮泉河最大。其中，狮泉河、那曲、索县和江孜在 20.0 ℃以上。与 2017 年比较，阿里地区、那曲市气温年较差偏小，其他各地气温年较差均偏大。

从西藏气温年较差在 10 年际变化尺度上来看（图 2.13），20 世纪 60 年代最高，较常年值偏高 1.2 ℃；70—90 年代气温年较差仍处于偏高期，且呈逐年代增加趋势；进入 21 世纪初，气温年较差较常年值偏低 0.4 ℃。在 30 年际变化尺度上，1981—2010 年气温年较差最低，分别比 1961—1990 年和 1971—2010 年偏低 0.5 ℃和 0.3 ℃。

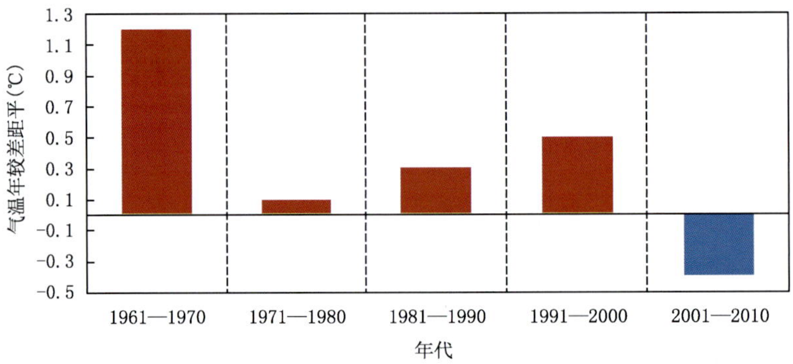

图 2.13　1961—2010 年西藏气温年较差的年代际变化

从近 58 年（1961—2018 年）西藏各站气温年较差变化趋势来看（图 2.14），仅在狮泉河、隆子两个站为变大趋势，分别为 0.09 ℃/10a 和 0.02℃/10a，林芝站基本无变化，其他各站均呈现为一致的变小趋势，为−0.01～−1.02 ℃/10a（9 个站 $P<0.05$），其中班戈减幅最大（$P<0.001$），那曲次之，为−0.74 ℃/10a（$P<0.001$），日喀则减幅最小。海拔 4 200 m 以上地区气温年较差变小幅度较大，在 0.45 ℃/10a 以上。

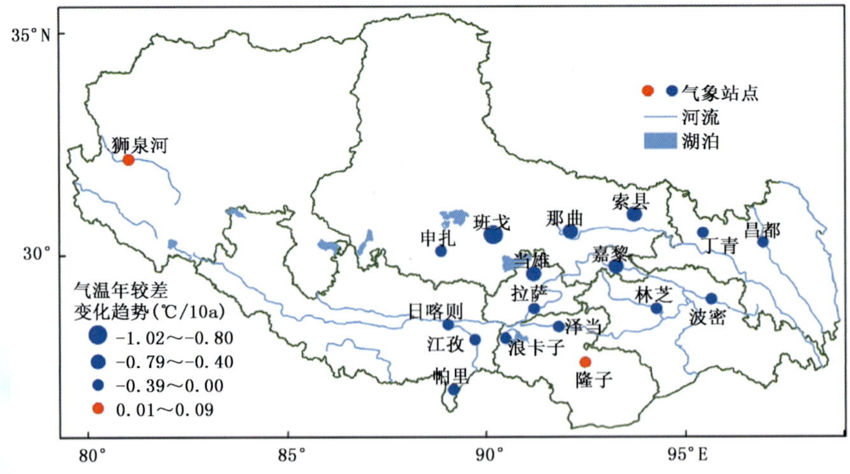

图 2.14　1961—2018 年西藏气温年较差变化趋势空间分布

2.1.3.2　气温日较差

1961—2018 年，西藏年气温日较差表现为明显变小趋势(图 2.15，表 2.12)，平均每 10 年减小 0.13 ℃($P<0.001$)，主要表现在春季，为−0.20 ℃/10a($P<0.001$)。近 38 年(1981—2018 年)气温日较差变小趋势趋缓，仅为−0.07 ℃/10a(未通过显著性检验)，与气温日较差冬季变大、春季减小趋缓有关。近 28 年(1991—2018 年)气温日较差呈变大趋势，为 0.03 ℃/10a(未通过显著性检验)，主要与春季气温日较差显著变大有关(0.44 ℃/10a，$P<0.01$)。2018 年西藏年气温日较差为 13.7 ℃，较常年值偏低 0.3℃。

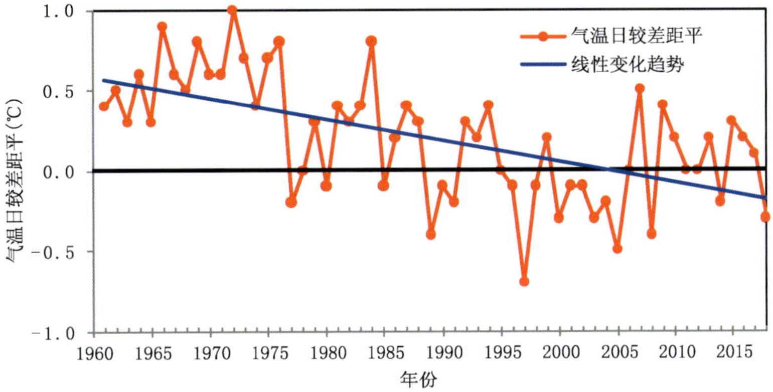

图 2.15　1961—2018 年西藏年气温日较差距平变化

表 2.12　西藏平均气温日较差的变化率(℃/10a)

时间段(年)	年	冬季	春季	夏季	秋季
1961—2018	−0.13***	−0.11	−0.20***	−0.11*	−0.09
1981—2018	−0.07	0.17	−0.09	−0.24*	−0.11
1991—2018	0.03	0.44**	−0.14	−0.15	0.05

注：*，**，*** 分别表示通过 0.05，0.01 和 0.001 显著性检验水平。

在 10 年际变化尺度上，西藏年气温日较差在 20 世纪 60 年代至 21 世纪初呈逐年代变小趋势，60 年代是最大的 10 年，21 世纪最初 10 年是最小的 10 年。在 30 年际变化尺度上，1981—2010 年气温日较差分别比 1961—1990 年和 1971—2010 年偏小 0.4 ℃和 0.2 ℃。

从近 58 年(1961—2018 年)西藏各地气温日较差变化趋势空间分布来看(图 2.16)，年平均情况下，仅在日喀则和隆子两个站上呈变大趋势，增幅分别为 0.04 ℃/10a 和 0.19 ℃/10a($P<0.001$)；林芝、申扎和索县无变化；其他各站呈现为一致的变小趋势，为−0.04～−0.49 ℃/10a(10 个站 $P<0.05$)，其中班戈减幅最大($P<0.001$)，其次是那曲，为−0.45 ℃/10a($P<0.001$)，丁青减幅最小。

从 1961—2018 年西藏四季气温日较差变化趋势空间分布来看，春季(图 2.17(a))气温日较差只在申扎和隆子两个站上呈变大趋势，分别为 0.04 ℃/10a 和 0.03 ℃/10a；其他各站趋于变小，为−0.01～−0.54 ℃/10a(13 个站 $P<0.05$)，以那曲减幅最大($P<0.001$)，其次是班戈，为−0.47 ℃/10a($P<0.001$)，林芝减幅最小。夏季(图 2.17(b))，气温日较差趋于增大的站点有 4 个站，分布在昌都、索县、江孜和隆子，增幅为 0.01～0.10 ℃/10a(未通过显著性检

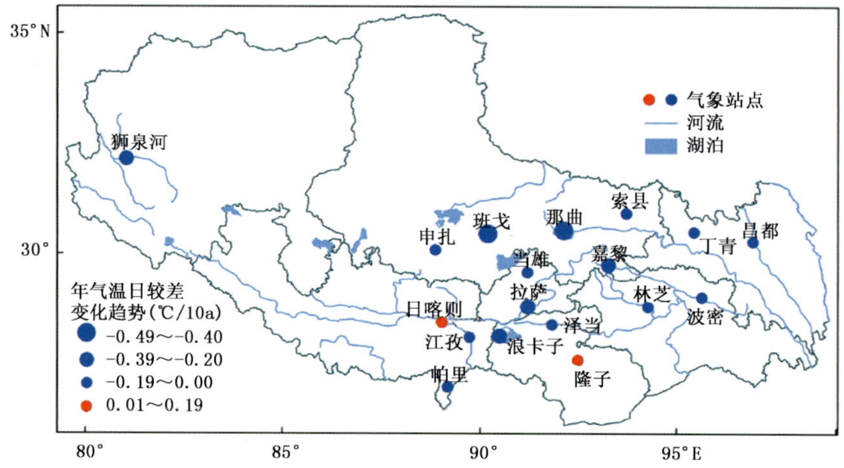

图 2.16　1961—2018 年西藏年气温日较差变化趋势空间分布

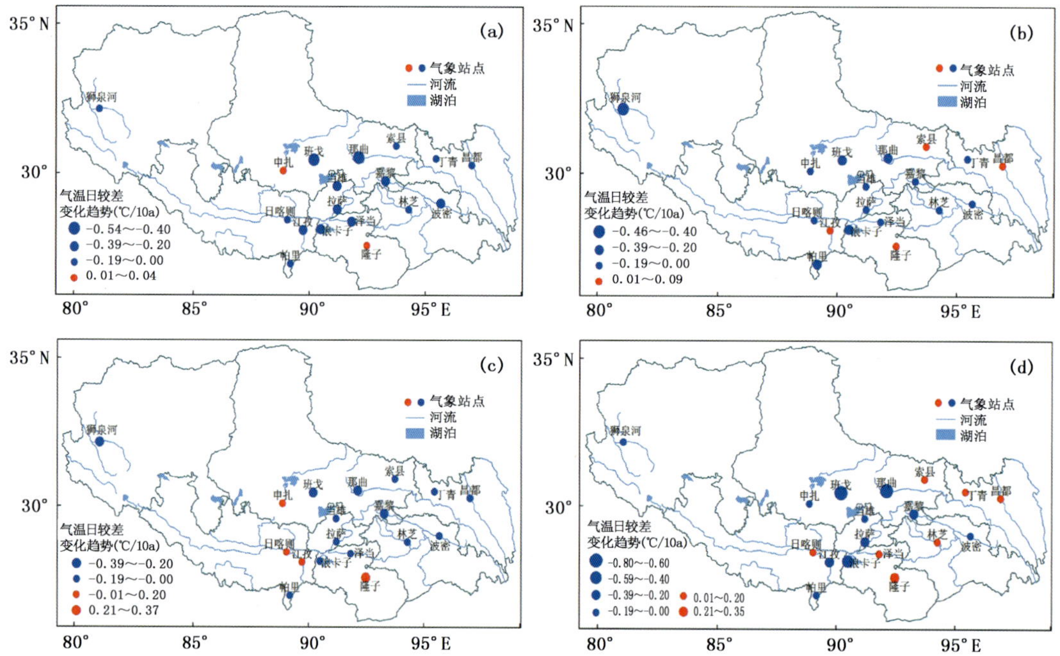

图 2.17　1961—2018 年西藏四季气温日较差变化趋势空间分布
(a)春季，(b)夏季，(c)秋季，(d)冬季

验；以索县最大，昌都最小）；丁青无变化；其他各站为变小趋势，为−0. 02～−0. 46 ℃/10a(6 个站 $P<0.05$)，其中狮泉河减幅最大($P<0.001$)，班戈次之(−0. 30 ℃/10a，$P<0.001$)，当雄减幅最小。秋季(图 2. 17(c))，申扎、日喀则、江孜和隆子 4 个站气温日较差呈增大趋势，增幅为 0. 13～0. 37 ℃/10a(隆子、日喀则和江孜 3 个站 $P<0.01$)，其中隆子增幅最大、申扎最小；其他各站表现为变小趋势，为−0. 03～−0. 39 ℃/10a(6 个站 $P<0.05$)，以狮泉河减幅最大($P<0.01$)，那曲次之，为−0. 38 ℃/10a，林芝减幅最小。冬季(图 2. 17(d))，昌都、丁青、索县、林芝、隆子、泽当和日喀则 7 个站的气温日较差呈增大趋势，增幅为 0. 03～0. 35 ℃/10a(隆

子、日喀则和林芝 3 个站 $P<0.05$），其中隆子增幅最大（$P<0.001$）、昌都增幅最小；其他各站表现为变小趋势，为 −0.01～−0.80 ℃/10a（7 个站 $P<0.05$），以班戈减幅最大（$P<0.001$），那曲次之（−0.63 ℃/10a，$P<0.001$），申扎和帕里减幅最小。

2.1.4　降水

2.1.4.1　降水量

（1）全区

1961—2018 年，西藏年降水量呈增加趋势，平均每 10 年增加 7.65 mm（$P<0.10$，图 2.18，表 2.13），较 1961—2017 年的增幅（7.25 mm/10a）略偏大。近 38 年（1981—2018 年）年降水量增加趋势明显，增幅为 14.42 mm/10a（$P<0.10$），主要表现在春季（6.12 mm/10a，$P<0.01$）和夏季（9.95 mm/10a）。但近 28 年（1991—2018 年）全区年降水量增幅变小（5.84 mm/10a），春季降水量仍趋于增加，夏季降水略有增加，秋、冬两季趋于减少。

2018 年，西藏平均年降水量为 503.5 mm，比常年值（462.1 mm）偏多 41.4 mm，为 1961 年以来第十六个多雨年份。

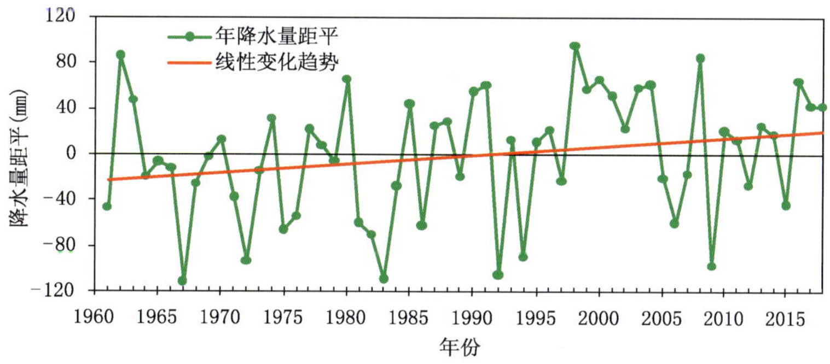

图 2.18　1961—2018 年西藏年降水量距平变化

表 2.13　西藏降水量的变化趋势（mm/10a）

时间段（年）	年	春季	夏季	秋季	冬季
1961—2018	7.65*	4.96***	0.60	1.47	0.48*
1981—2018	14.42*	6.12**	9.95	−1.45	−0.48
1991—2018	5.84	6.72**	2.66	−3.20	−0.93

注：*，**，*** 分别表示通过 0.10，0.05 和 0.01 显著性检验水平。

西藏年降水量变化趋势与全国八大区域比较表明，华北、东北、华东、华中、华南和西北地区年降水量无明显线性变化趋势，但均存在年代际波动变化。西南地区年降水量呈明显下降趋势（−14.2 mm/10a），青藏高原年降水量呈增加趋势（8.0 mm/10a），高于西藏地区的增幅。

西藏年降水量在 10 年际变化尺度上（图 2.19），20 世纪 60—80 年代偏少，呈逐年代递减态势，90 年代至 21 世纪初偏多；20 世纪 80 年代是近 50 年降水最少的 10 年，90 年代和 21 世纪初降水均偏多，90 年代是近 50 年降水最多的 10 年。在 30 年际变化尺度上，年降水量呈逐年代际增多趋势，1981—2010 年平均值较 1961—1990 年、1971—2000 年的平均值分别偏多 14.5 mm 和 8.4 mm。

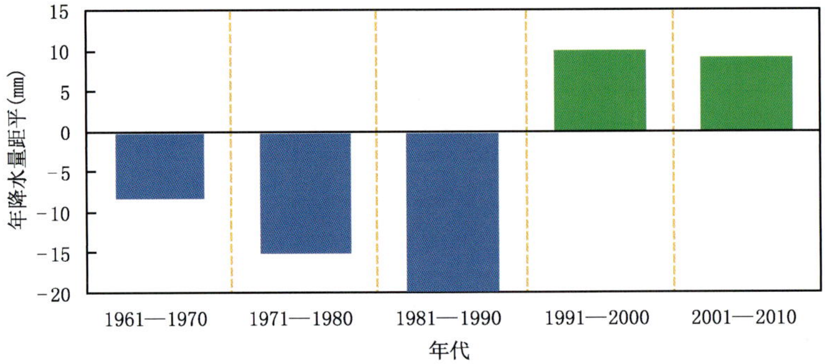

图 2.19　1961—2010 年西藏年降水量的年代际变化

从 1961—2018 年西藏年降水量变化趋势空间分布来看(图 2.20),江孜、日喀则年降水量表现为减少趋势,分别为－3.80 mm/10a 和－1.27 mm/10a;其他各站均呈增加趋势,增幅为 1.00～20.05 mm/10a,其中嘉黎增幅最大($P<0.01$),班戈次之(17.81 mm/10a,$P<0.01$),泽当最小;那曲市各站、拉萨和林芝增幅大于 10.00 mm/10a。

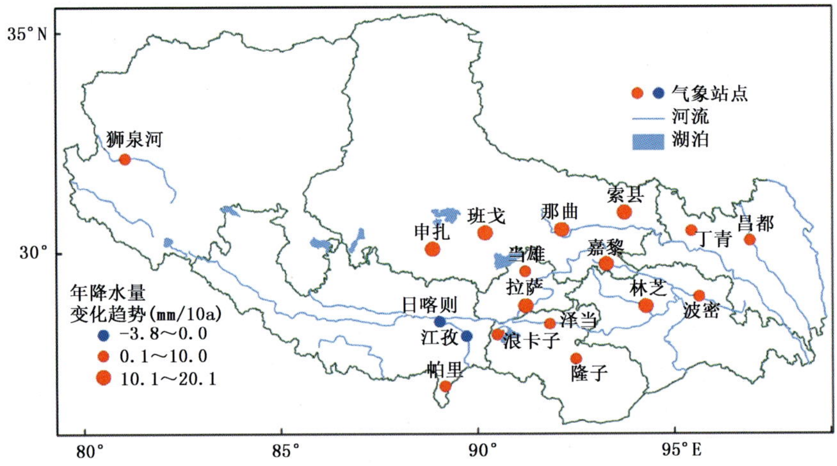

图 2.20　1961—2018 年西藏年降水量变化趋势空间分布

就四季降水量变化趋势的地域分布而言,近 58 年(1961—2018 年)西藏各站季降水量变化趋势表现的各不相同。春季降水量在所有站点上都表现为增加趋势(图 2.21(a)),增幅为 0.37～8.90 mm/10a(12 个站点 $P<0.05$),其中丁青增幅最大($P<0.001$),波密次之(8.21 mm/10a),狮泉河最小;那曲市增幅为 5.17～8.01 mm/10a($P<0.05$),昌都市北部增幅为 4.26～8.90 mm/10a($P<0.05$)。夏季(图 2.21(b)),那曲市、狮泉河、拉萨、浪卡子、隆子和林芝等地降水量呈增加趋势,增幅为 0.65～11.34 mm/10a,增幅以申扎最大($P<0.05$),其次是班戈(10.44 mm/10a,$P<0.05$),狮泉河最小;其他各站表现为减少趋势,为－0.83～－12.40 mm/10a,其中波密减幅最大($P<0.10$),丁青次之(－12.28 mm/10a,$P<0.10$),当雄最小。秋季(图 2.21(c)),降水量趋于减小的站点,主要分布在沿雅鲁藏布江一线、南部边缘地区和和阿里地区西部,为－0.46～－3.20 mm/10a(均未通过显著性检验水平),以日喀则减幅最

大，帕里次之，为−2.59 mm/10a；其他各站降水量呈增加趋势，增幅为 0.17～9.49 mm/10a，以嘉黎增幅最大(P<0.01)，其次是丁青(7.68 mm/10a，P<0.01)，申扎增幅最小。冬季(图 2.21(d))，降水量在狮泉河和日喀则两个站表现为较弱的减少趋势(−0.10 mm/10a 左右)，昌都、浪卡子无变化；其余各站均表现为增加趋势，但增幅不大，为 0.05～1.21 mm/10a(仅那曲市大部 P<0.05)，其中索县最大，帕里次之(1.12 mm/10a)，江孜最小。

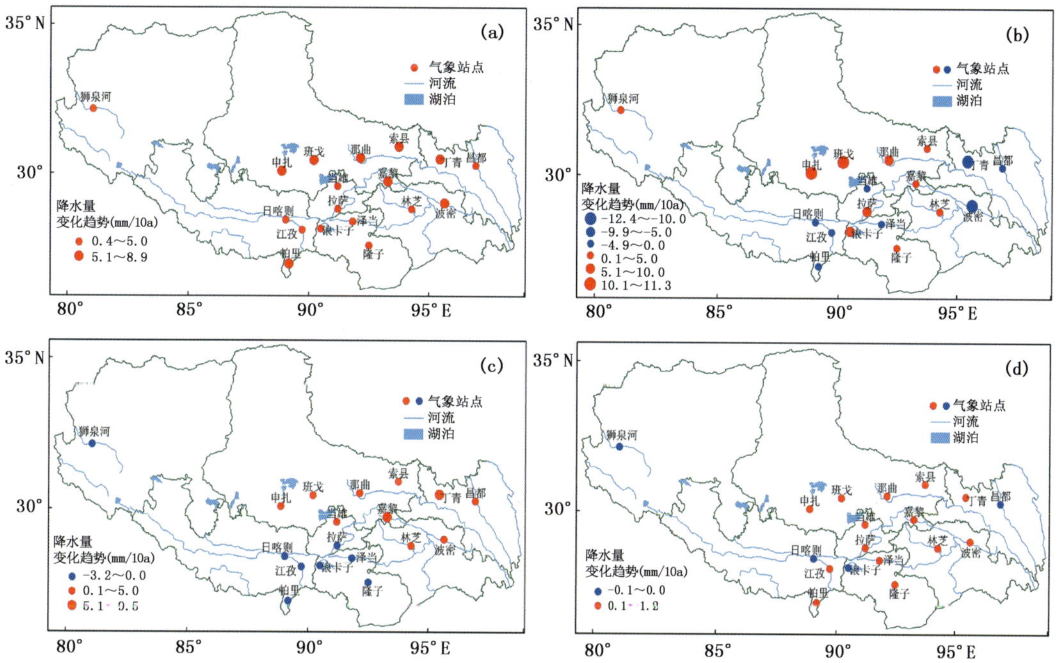

图 2.21　1961—2018 年西藏地表四季降水量变化趋势空间分布

(a)春季，(b)夏季，(c)秋季，(d)冬季

1981—2018 年，就西藏 7 个地(市)平均年降水量的变化趋势(图 2.22)而言，林芝市呈减少趋势，平均每 10 年减少 9.40 mm；其余地(市)降水量趋于增加，增幅为 5.43～22.79 mm/10a，其中拉萨市增幅最大(22.79 mm/10a，P<0.10)，其次是那曲市，为 19.36 mm/10a(P<0.05)；日喀则市增幅最小，每 10 年仅增加 5.43 mm；阿里地区、山南市和昌都市依次为 11.16 mm/10a(P<0.05)、18.83 mm/10a(P<0.10)和 12.19 mm/10a。与 1981—2017 年比较，林芝市降水量减少趋势变大，山南市变化不大，其他地(市)增幅都有所增大。

(2)拉萨站

1952—2018 年，拉萨国家基本站年降水量呈增加趋势，平均每 10 年增加 7.25 mm(图 2.23，表 2.14)，较 1952—2017 年的增幅(6.36 mm/10a)偏大，主要表现在春、夏两季。近 38 年(1981—2018 年)年降水量增幅明显，为 36.95 mm/10a(P<0.05)，以夏季增幅最突出。1991 年以来，拉萨年降水量增幅为 17.01 mm/10a，主要因秋季降水量显著减少，抵扣了夏季降水量增加的效应。2018 年，拉萨站年降水量为 535.2 mm，较常年值偏多 96.6 mm，为 1952 年以来第十四个多雨年份。

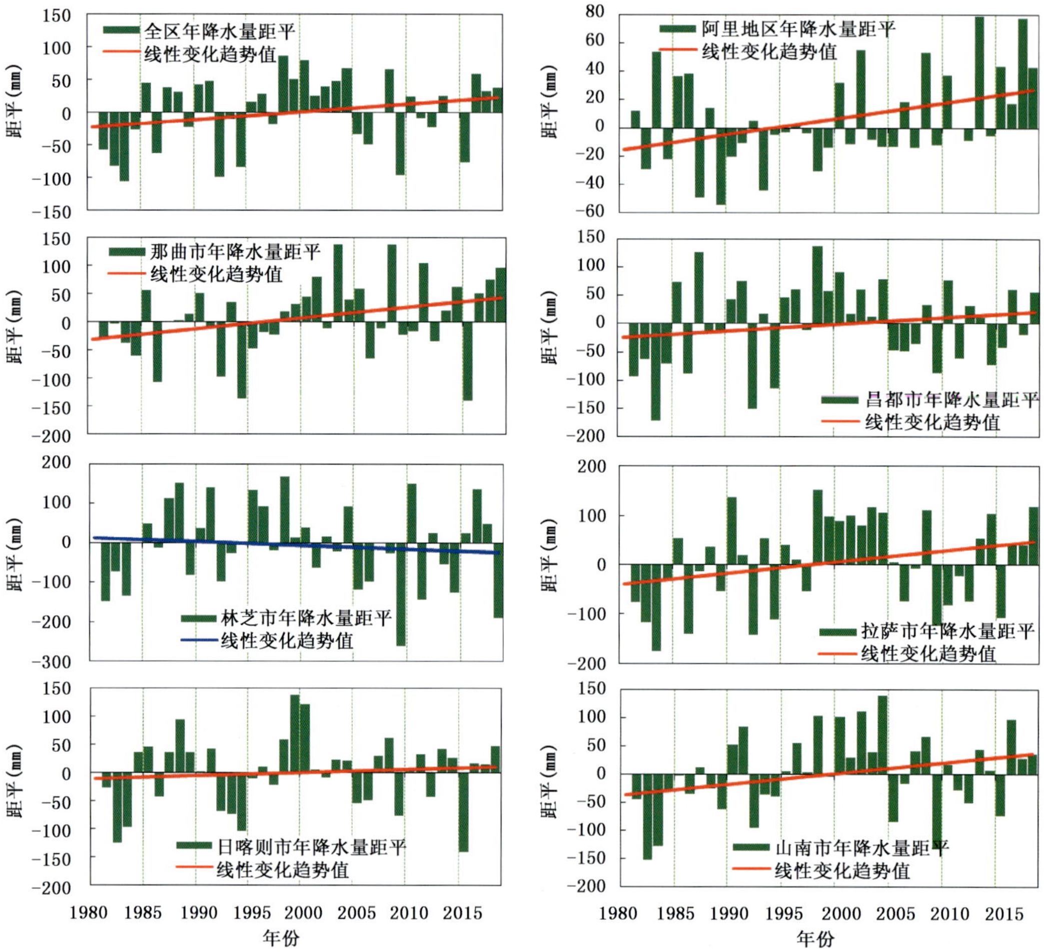

图 2.22　1981—2018 年西藏全区及各地(市)平均年降水量距平变化

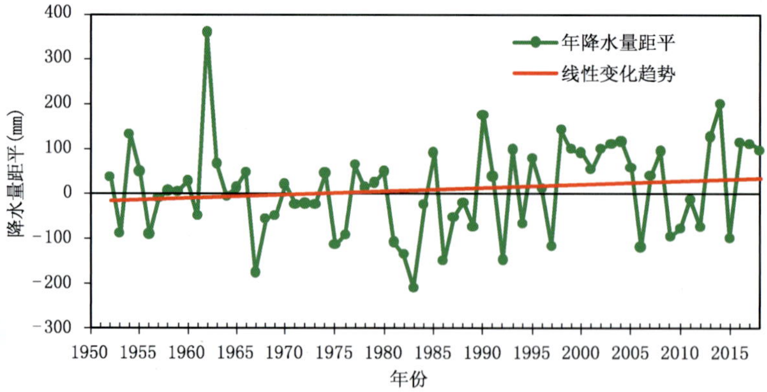

图 2.23　1952—2018 年拉萨年降水量距平变化

表 2.14 拉萨降水量的变化趋势(mm/10a)

时间段(年)	年	春季	夏季	秋季	冬季
1952—2018	7.25	2.92*	3.43	0.87	0.50*
1981—2018	36.95**	4.51	39.49***	−7.33	−0.14
1991—2018	17.01	1.89	33.17	−18.63***	−0.24

注:*,**,*** 分别表示通过 0.10,0.05 和 0.01 显著性检验水平。

(3)昌都站

1953—2018 年,昌都国家基准站年降水量总体上呈增加趋势,平均每 10 年增加 2.95 mm(图 2.24,表 2.15),较 1953—2017 年的增幅(2.21 mm/10a)偏大。近 38 年(1981—2018 年)降水量增幅为 8.77 mm/10a,但近 28 年(1991—2018 年)降水量呈减少趋势,为−7.78 mm/10a。就四季降水量的变化趋势而言,春季降水量在不同时间段内均表现为增加趋势。近 66 年(1953—2018 年)来,夏季降水量总体上趋于减少,特别是近 28 年减幅较大,为−19.40 mm/10a。1953—2018 年,秋季降水量呈增加趋势,这种态势在近 28 年仍在继续。冬季降水量在近 66 年里呈弱的减少趋势,不过近 28 年冬季降水略有增加。

2018 年,昌都站年降水量为 543.2 mm,较常年值偏多 53.9 mm,是 1953 年以来第十八个多雨年份,也是 2001 年以来第六个多雨年份。

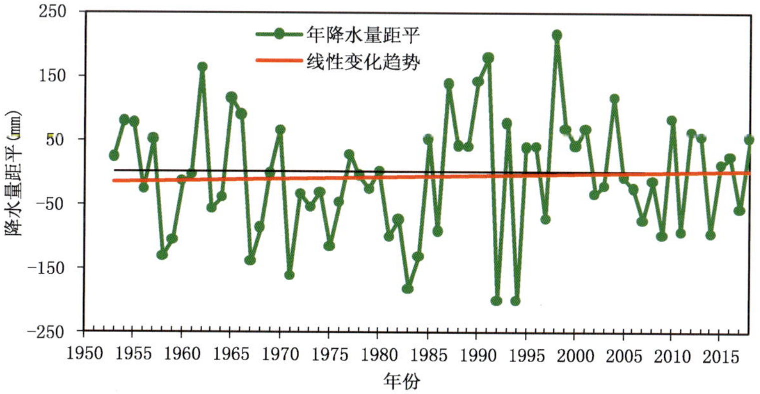

图 2.24 1953—2018 年昌都年降水量距平变化

表 2.15 昌都降水量的变化趋势(mm/10a)

时间段(年)	年	春季	夏季	秋季	冬季
1953—2018	2.95	2.57	−2.23	2.74	−0.26
1981—2018	8.77	2.89	5.67	0.19	−0.41
1991—2018	−7.78	3.43	−19.40	7.01	0.39

注:均未通过显著性检验。

2.1.4.2 降水日数

1961—2018 年,西藏降水量≥0.1 mm 年降水日数呈弱的增加趋势(图 2.25,表 2.16),平均每 10 年增加 0.17 d,主要表现在春季(0.72 d/10a,$P<0.05$);夏、秋两季降水日数趋于减少。近 38 年(1981—2018 年)西藏年降水日数增加趋势略有加大,为 0.43 d/10a,主要表现在

夏季(1.26 d/10a);冬季降水日数呈显著减少趋势,为−0.85 d/10a($P<0.05$)。

2018 年,西藏平均年降水日数为 120.1 d,比常年值(117.8 d)偏多 2.3 d,为 1961 年以来并列第十九个偏多年份。其中,嘉黎年降水日数达 203 d,是 1961 年以来最多年份,较常年值偏多 27 d。

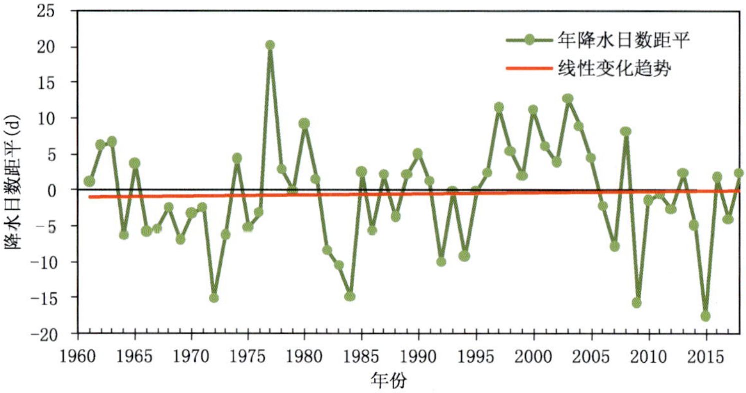

图 2.25 1961—2018 年西藏年降水日数距平变化

表 2.16 西藏降水日数的变化趋势(d/10a)

时间段(年)	年	春季	夏季	秋季	冬季
1961—2018	0.17	0.72*	−0.21	−0.37	0.01
1981—2018	0.43	0.41	1.26	−0.39	−0.85**

注:*,** 表示通过 0.05 和 0.01 显著性检验水平。

根据 1961—2018 年西藏各站降水量≥0.1 mm 年降水日数分析发现(图 2.26),沿雅鲁藏布江一线、林芝市、狮泉河和帕里等地表现为减少趋势,为−0.50~−2.96 d/10a,以波密减幅最大($P<0.01$),其次是浪卡子,为−1.71 d/10a,帕里减幅最小;其他各站呈增加趋势,增幅为 0.16~4.00 d/10a(3 个站 $P<0.05$),其中班戈增幅最大($P<0.01$),那曲次之,为 2.79 d/10a($P<0.01$),隆子增幅最小。

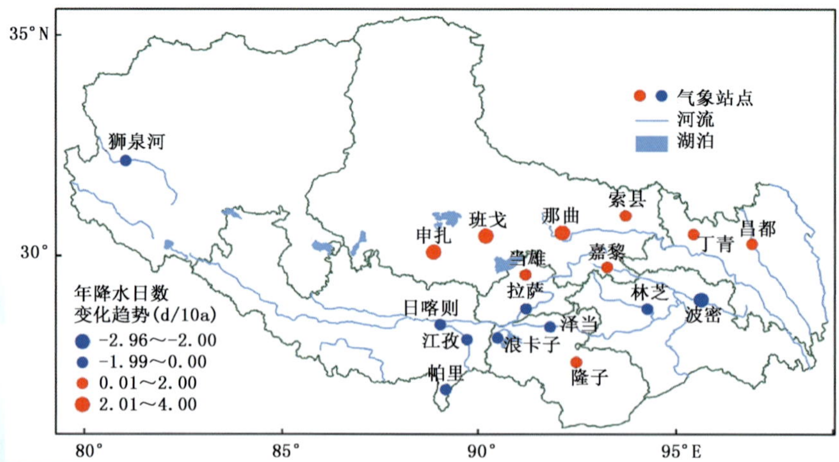

图 2.26 1961—2018 年西藏年降水日数变化趋势空间分布

从 1961—2018 年西藏站点降水量≥0.1 mm 四季降水日数变化趋势空间分布来看，春季（图 2.27(a)），降水日数仅在狮泉河和波密两个站表现为减少趋势（−0.15 d/10a 和−0.09 d/10a）；其他各站均呈增加趋势，增幅为 0.02～1.88 d/10a（4 个站 $P<0.05$），以班戈增幅最大（$P<0.01$），那曲次之，为 1.81 d/10a（$P<0.01$），林芝增幅最小。夏季（图 2.27(b)），那曲市大部、隆子和林芝降水日数趋于增加，增幅为 0.02～1.23 d/10a，以班戈增幅最大，其次是申扎，为 0.59 d/10a，林芝增幅最小；其他各站均呈减少趋势，为−0.03～−1.15 d/10a（波密和帕里站 $P<0.01$），以波密减幅最大，江孜次之（−1.09 d/10a），狮泉河减幅最小。秋季（图 2.27(c)），降水日数趋于增加的站点分布在昌都市北部、那曲市大部，增幅为 0.01～0.50 d/10a，以那曲增幅最大、嘉黎增幅最小；其他各站均呈减少趋势，为−0.04～−1.72 d/10a（浪卡子和林芝站 $P<0.01$），以浪卡子减幅最大，林芝次之（−1.30 d/10a），当雄减幅最小。冬季（图 2.27(d)），那曲市东部、林芝市、狮泉河、浪卡子等地降水日数表现为减少趋势，为−0.03～−0.69 d/10a，以波密减幅最大（$P<0.05$），其次是嘉黎，为−0.63 d/10a，林芝减幅最小；日喀则无变化；其他各站呈增加趋势，增幅为 0.02～0.69 d/10a（班戈和隆子两个站 $P<0.05$），以班戈增幅最大，申扎次之（0.40 d/10a），江孜增幅最小。

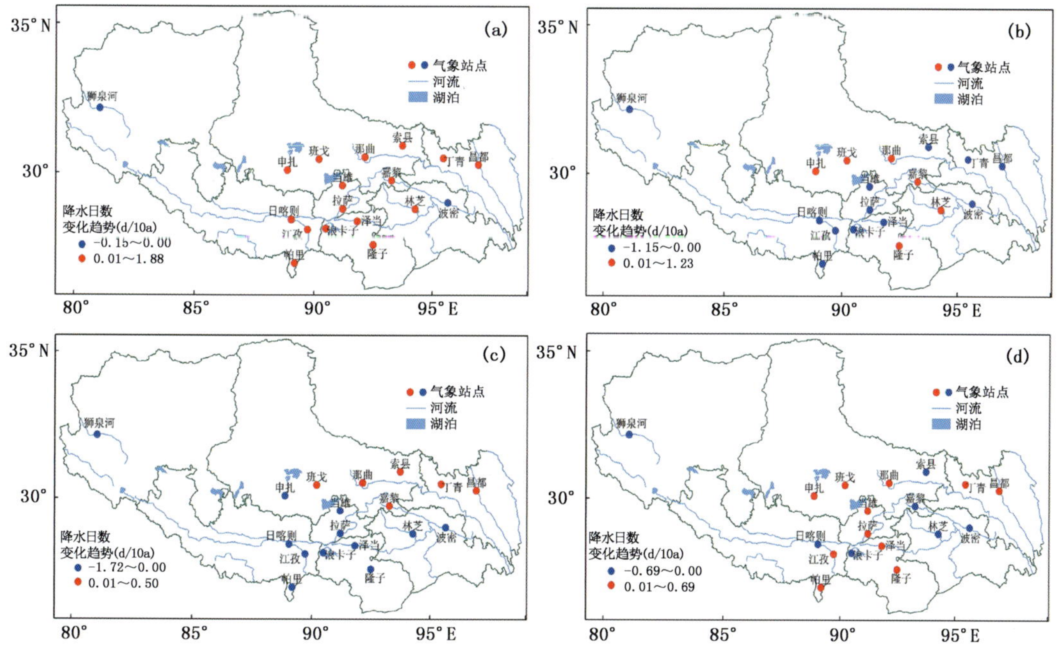

图 2.27　1961—2018 年西藏四季降水日数变化趋势空间分布

(a)春季，(b)夏季，(c)秋季，(d)冬季

2.1.5　日照时数

2.1.5.1　年日照时数

1961—2018 年，西藏年日照时数呈减少趋势（图 2.28，表 2.17），平均每 10 年减少 14.55 h，较 1961—2017 年减幅（−10.33 h/10a）偏大，但明显比全国平均年日照时数减幅（−33.2 h/10a）偏小；西藏日照时数减少主要表现在夏季（−6.16 h/10a，$P<0.10$），而冬季日照时数呈增

加趋势(2.92 h/10a,$P<0.10$)。近 38 年(1981—2018 年)西藏年日照时数减少趋势更明显,达−50.86 h/10a($P<0.001$);除冬季日照时数趋于增多外,其他三季日照时数都表现为显著的减少趋势,其中以夏季减少最突出,为−19.60 h/10a($P<0.01$),春季次之,为−9.70 h/10a($P<0.01$)。

2018 年,西藏年日照时数 2 453.6 h,较常年值偏少 282.0 h,继 2017 年后再次刷新 1961 年以来的新低。

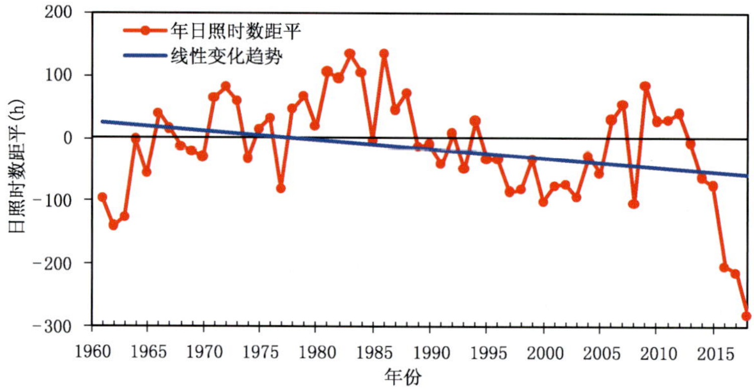

图 2.28　1961—2018 年西藏年日照时数距平变化

表 2.17　西藏日照时数的变化趋势(h/10a)

时间段(年)	年	春季	夏季	秋季	冬季
1961—2018	−14.55**	−2.85	−6.16*	−0.90	2.92*
1981—2018	−50.86***	−9.70***	−19.60***	−7.94**	3.29

注:*,**,*** 分别表示通过 0.10,0.05 和 0.01 显著性检验水平。

就西藏平均而言(图 2.29),年日照时数在 10 年际变化尺度上,20 世纪 60 年代偏少,为近 50 年最少的 10 年;70 年代、80 年代转为正距平,且 80 年代是近 50 年来最多的 10 年;90 年代至 21 世纪初又变为负距平,但减幅小于 20 世纪 60 年代。在 30 年际变化尺度上,1981—2010 年平均值与 1961—1990 年、1971—2000 年平均值比较,分别偏少 16. 5 h 和 16.8 h。

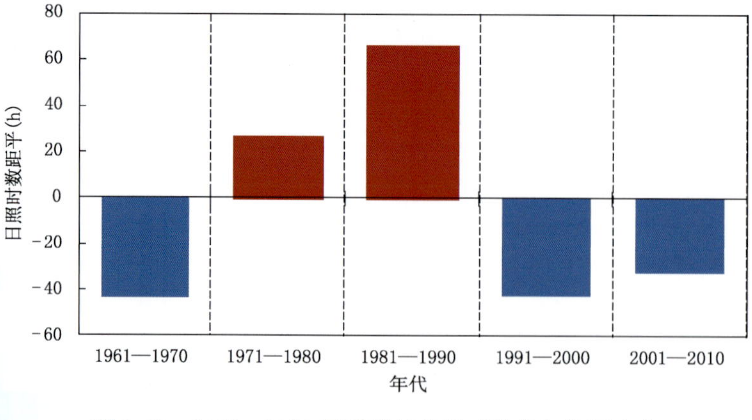

图 2.29　1961—2010 年西藏年日照时数的年代际变化

从近 58 年(1961—2018 年)西藏年日照时数变化趋势空间分布来看(图 2.30),林芝市、泽当、浪卡子、日喀则、江孜、当雄、那曲、班戈和索县等地年日照时数表现为减少趋势,为−0.06～−76.13 h/10a,以班戈减幅最大,为−76.13 h/10a($P<0.001$),那曲次之,为−49.4 h/10a($P<0.001$),帕里减幅最小。其他各站年日照时数呈增加趋势,增幅为 0.04～37.45 h/10a,其中嘉黎增幅最大,为 37.45 h/10a($P<0.01$);其次是昌都,为 28.50 h/10a($P<0.05$);申扎增幅最小。

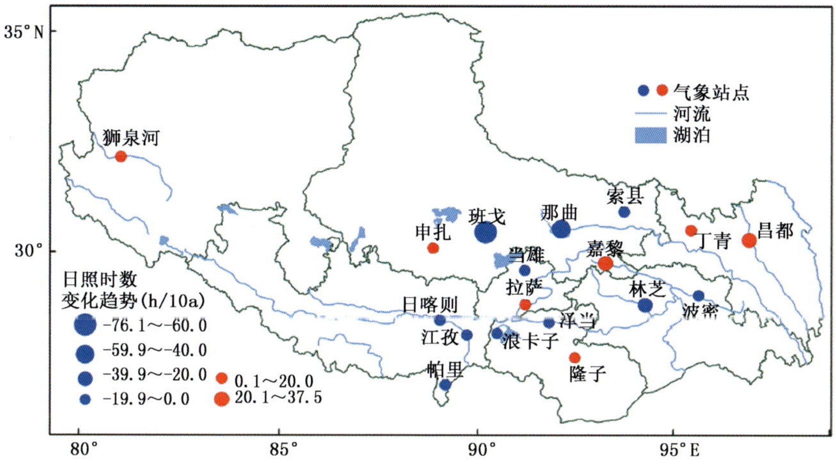

图 2.30 1961—2018 年西藏年日照时数变化趋势空间分布

2.1.5.2 季日照时数

从 1961—2018 年四季日照时数的变化趋势来看,春季(图 2.31(a))有 6 个站点日照时数呈增加趋势,主要发生在昌都市北部、嘉黎、申扎、拉萨和狮泉河等地,增幅为 0.87～12.03 h/10a,以昌都增幅最大($P<0.05$);其他各站日照时数表现为减少趋势,为−0.76～−22.09 h/10a,以班戈减幅最大($P<0.001$),那曲次之,为−15.82 h/10a($P<0.001$),隆子减幅最小。夏季(图 2.31(b)),昌都、丁青、嘉黎和拉萨 4 个站日照时数呈增加趋势,为 0.32～2.42 h/10a,以嘉黎增幅明显;其他各站表现为减少趋势,为−0.10～−32.67 h/10a,其中班戈减幅最大($P<0.001$),其次为那曲,平均每 10 年减少 15.09 h($P<0.01$)。秋季(图 2.31(c)),昌都、丁青、嘉黎、申扎、拉萨、泽当、隆子、狮泉河和帕里 9 个站日照时数呈增加趋势,为 0.52～13.65 h/10a,以嘉黎增幅最大($P<0.001$);其他各站呈减少趋势,为−0.27～−14.92 h/10a,其中班戈减幅最大($P<0.001$),那曲次之,减少了 8.76 h/10a($P<0.05$)。冬季(图 2.31(d)),那曲、班戈、日喀则、江孜、浪卡子和波密 6 个站点日照时数呈减少趋势,为−0.17～−9.71 h/10a,其中那曲减幅最大($P<0.01$);其他各站表现为增加趋势,增幅为 0.57～13.26 h/10a,以昌都增幅最大($P<0.001$),嘉黎次之(11.45 h/10a,$P<0.001$),拉萨增幅最小。

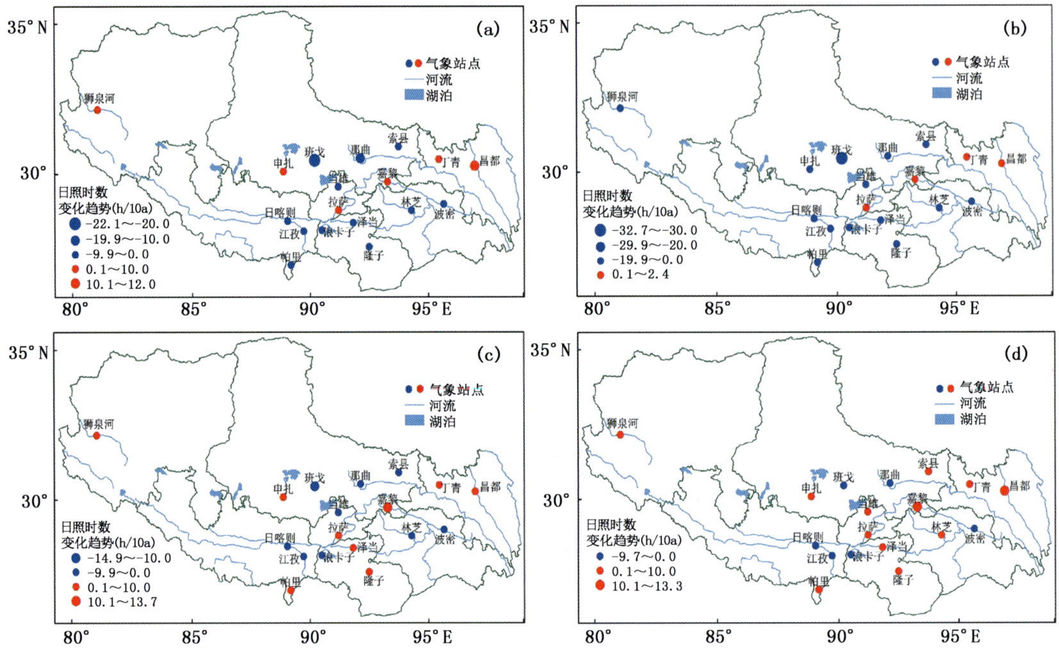

图 2.31　1961—2018 年西藏四季日照时数变化趋势空间分布
(a)春季,(b)夏季,(c)秋季,(d)冬季

2.1.6　云量

2.1.6.1　年平均总云量

1961—2018 年,西藏年平均总云量呈显著减少趋势(图 2.32,表 2.18),平均每 10 年减少 0.11 成($P<0.001$),四季均表现为减少趋势,以冬季最明显,为 −0.15 成/10a($P<0.001$)。近 38 年(1981—2018 年)来,西藏年平均总云量仍趋于减少,主要表现在冬、春两季,平均每 10 年分别减少 0.23 成($P<0.001$)和 0.11 成($P<0.05$)。2018 年,西藏平均总云量为 5.5 成,较常年值(5.3 成)略偏多。

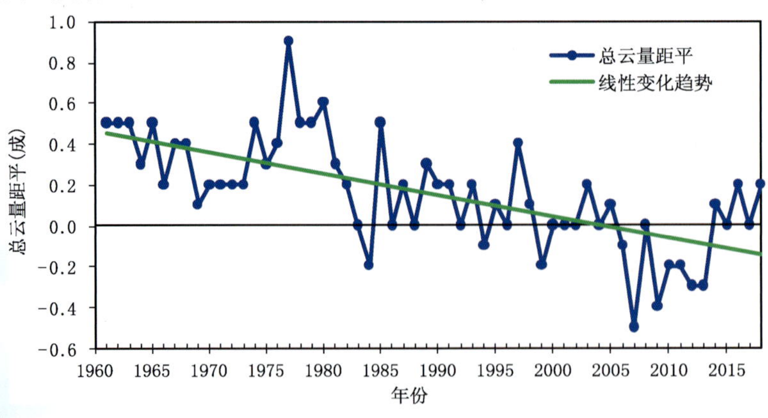

图 2.32　1961—2018 年西藏年平均总云量距平变化

表 2.18 西藏平均总云量的变化趋势(成/10a)

时间段(年)	年	春季	夏季	秋季	冬季
1961—2018	−0.11***	−0.11***	−0.08*	−0.09**	−0.15***
1981—2018	−0.08*	−0.11*	0.02	0.00	−0.23***

注:*,**,***分别表示通过0.05,0.01和0.001显著性检验水平。

从近58年(1961—2018年)西藏年平均总云量变化趋势空间分布的分析来看(图2.33),西藏各站总云量均表现为减少趋势,为−0.02～−0.23成/10a(14个站 $P<0.05$),其中江孜减幅最大($P<0.001$);其次是索县,为−0.18成/10a($P<0.001$);狮泉河减幅最小。

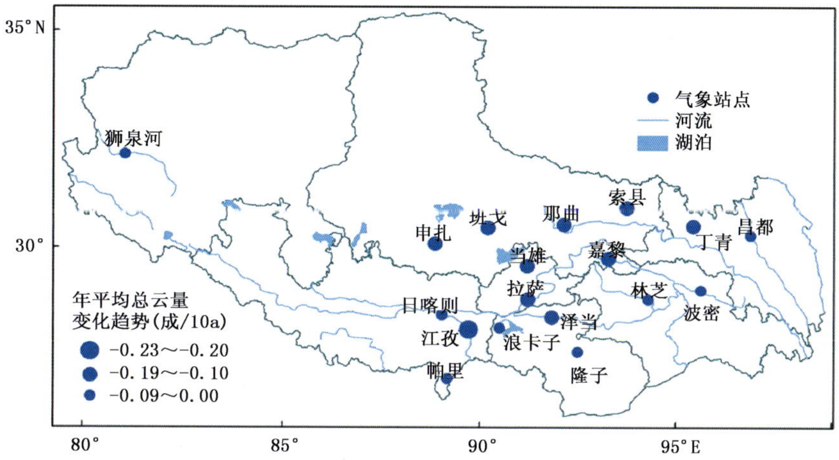

图2.33 1961—2018年西藏年平均总云量变化趋势空间分布

2.1.6.2 季平均总云量

从近58年(1961—2018年)四季平均总云量变化趋势的地域分布来看,冬、春两季西藏各站都表现为不同程度的减少趋势(图2.34(a)(d)),分别为−0.03～−0.28成/10a(15个站 $P<0.05$)和−0.01～−0.29成/10a(10个站 $P<0.05$),其中冬季以索县减幅最大($P<0.001$),春季以江孜减幅最大($P<0.001$)。夏季(图2.34(b)),除狮泉河以0.04成/10a的速度呈增多趋势、丁青无变化外,其余各站均为减少趋势,平均每10年减少0.01～0.28成(9个站 $P<0.05$),仍以江孜减幅最大($P<0.001$)。而秋季(图2.34(c)),平均总云量也是在狮泉河站上表现为增加趋势(0.04成/10a);其余各站均为减少趋势,平均每10年减少0.01～0.18成(8个站 $P<0.05$),也以江孜减幅最大($P<0.01$),申扎次之,为−0.17成/10a($P<0.01$)。

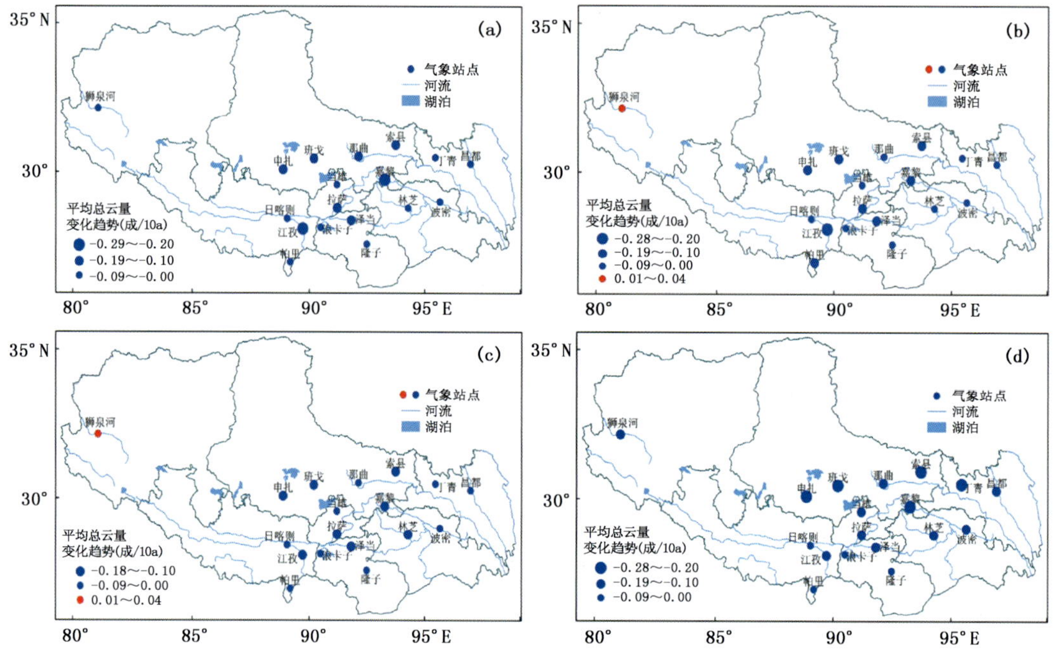

图 2.34　1961—2018 年西藏四季平均总云量变化趋势空间分布
(a)春季,(b)夏季,(c)秋季,(d)冬季

2.1.7　蒸发量

2.1.7.1　年蒸发量

1961—2018 年,西藏平均年蒸发皿蒸发量(以下简称蒸发量)呈明显减小趋势(图 2.35,表 2.19),平均每 10 年减少 18.7 mm($P<0.05$),接近 1961—2017 年的减幅(−18.2 mm/10a)。四季蒸发量都在减小,尤其是春季,减幅最明显,为−10.6 mm/10a($P<0.01$)。近 38 年(1981—2018 年)来,西藏年蒸发量减小趋势有所加大,为−22.0 mm/10a,这主要因为春、夏、秋 3 个季节的蒸发量都在减小引起的,特别是夏季,减幅最为明显,为−12.8 mm/10a。

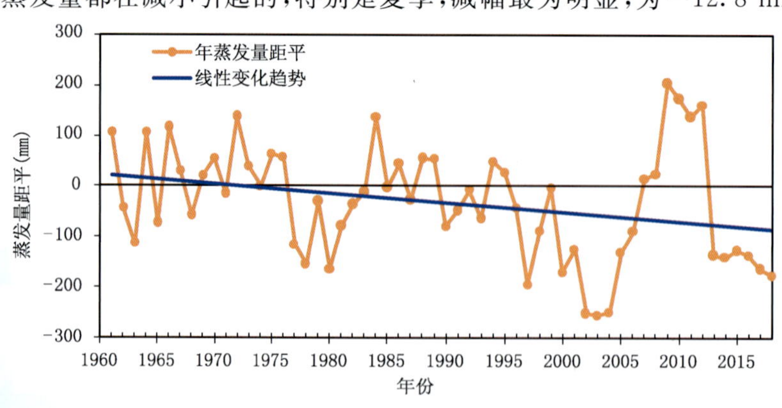

图 2.35　1961—2018 年西藏年蒸发量距平变化

2018 年，西藏年蒸发量为 1 773.4 mm，较常年值偏低 177.6 mm，为 1961 年以来第五个偏少年份。

表 2.19　西藏蒸发量的变化趋势(mm/10a)

时间段(年)	年	春季	夏季	秋季	冬季
1961—2018	−18.7*	−10.6**	−4.9	−2.5	−0.6
1981—2018	−20.7	−10.8	−12.8	−4.5	5.5

注：*，** 分别表示通过 0.05 和 0.01 显著性检验水平。

西藏年蒸发量在 10 年际变化尺度上(图 2.36)，20 世纪 60—80 年代为正距平，90 年代至 21 世纪初为负距平；近 30 年呈明显的逐年代减少趋势。在近 50 年(1961—2010 年)里，20 世纪 60 年代是最高的 10 年，21 世纪初是最少的 10 年。在 30 年际变化尺度上，1981—2010 年平均值较 1961—1990 年、1971—2000 年的平均值分别偏少 42.5 mm 和 19.5 mm，表现出逐 30 年际递减的变化特征。

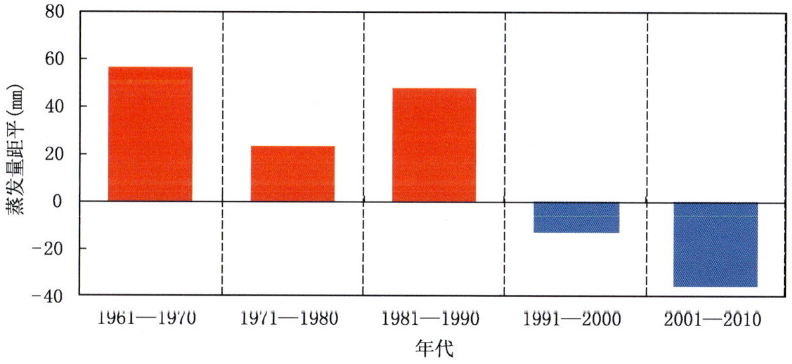

图 2.36　1961—2010 年西藏年蒸发量的年代际变化

从 1961—2018 年西藏年蒸发量变化趋势空间分布来看(图 2.37)，在狮泉河、帕里、拉萨、林芝、丁青和昌都 6 个站上呈增加趋势，增幅为 5.0～17.9 mm/10a，以帕里最大($P<0.05$)、林芝最小；其他 12 个站点表现为不同程度的减少趋势，平均每 10 年减少 1.2～65.1 mm(7 个站 $P<0.05$)，以浪卡子减幅最大，为 −65.1 mm/10a($P<0.001$)；申扎次之，为 −60.8 mm/10a($P<0.001$)，索县最小。

2.1.7.2　季蒸发量

就 1961—2018 年西藏四季蒸发量变化趋势空间分布而言，春季蒸发量(图 2.38(a))，狮泉河、帕里、拉萨和林芝 4 个站以 0.9～8.3 mm/10a 的速率呈增加趋势，其中狮泉河增幅最大，其次是帕里，为 5.6 mm/10a($P<0.05$)；其他各站呈减少趋势，为 −1.3～−29.3 mm/10a(6 个站 $P<0.05$)，以申扎减幅最大($P<0.001$)，那曲次之(−24.5 mm/10a，$P<0.001$)，昌都减幅最小。夏季(图 2.38(b))，狮泉河、帕里、拉萨、泽当、索县和丁青 6 个站蒸发量表现为增加趋势，增幅为 1.0～14.3 mm/10a(拉萨最大，索县最小)；其他站点为减少趋势，平均每 10 年减少 0.2～28.5 mm(7 个站 $P<0.05$)，以隆子减幅最大($P<0.001$)，其次是班戈，为 −21.8 mm/10a($P<0.01$)，林芝减幅最小。秋季(图 2.38(c))，昌都、丁青、索县、林芝、拉萨和帕里 6 个站蒸发量趋于增加，增幅为 0.1～7.1 mm/10a(拉萨最大、林芝最小)；其余各站呈减少趋势，为

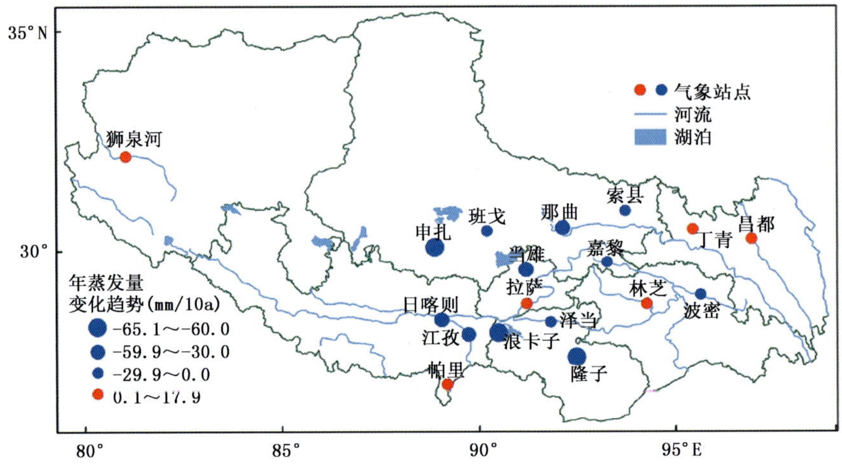

图 2.37　1961—2018 年西藏年蒸发量变化趋势空间分布

—1.4~—15.9 mm/10a(浪卡子、那曲和班戈 3 个站 $P<0.05$),以浪卡子最大、日喀则最小。冬季(图 2.38(d)),昌都、丁青、索县、嘉黎、班戈、林芝和帕里 7 个站蒸发量呈增加趋势,增幅为 1.5~14.2 mm/10a,其中昌都增幅最大($P<0.001$),林芝最小;其他各站表现为减少趋势,为—0.3~—16.7 mm/10a(10 个站 $P<0.05$),以浪卡子减幅最大($P<0.05$),江孜次之(—13.6 mm/10a,$P<0.01$),狮泉河减幅最小。

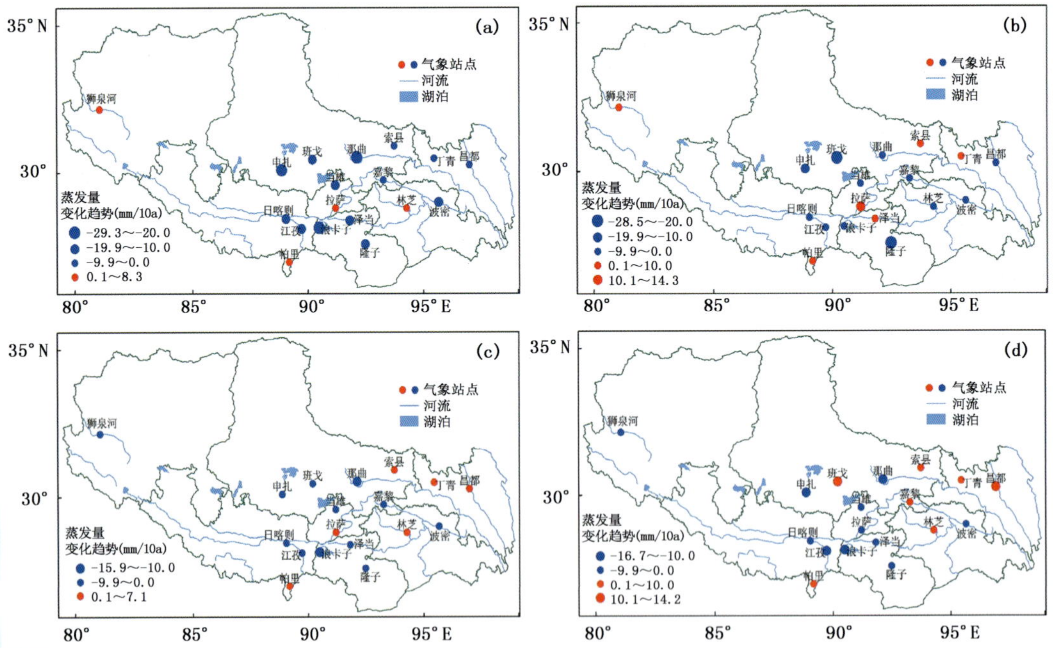

图 2.38　1961—2018 年西藏四季蒸发量变化趋势空间分布
(a)春季,(b)夏季,(c)秋季,(d)冬季

2.1.8 相对湿度

2.1.8.1 年平均相对湿度

1961—2018 年，西藏年平均相对湿度呈“减—增—减”的年际变化（图 2.39）。20 世纪 60 年代至 90 年代初，西藏相对湿度偏小；90 年代中期至 21 世纪最初的 6 年相对湿度偏大，之后相对湿度趋于减小。从线性变化趋势来看，近 58 年（1961—2018 年）西藏年平均相对湿度呈减小趋势（表 2.20），主要是由于夏、秋两季相对湿度减小引起的，减幅分别为 0.76%/10a（$P<0.01$）和 0.67%/10a（$P<0.05$）；而近 38 年（1981—2018 年）来，西藏一年四季平均相对湿度均表现出不同程度的减小趋势，以冬季和秋季较为明显。

2018 年，西藏年平均相对湿度为 47%，比常年值偏低 5%，仍处在干燥期，是 1961 年以来与 1984 年、2012 年、2015 年、2016 年、2017 年并列第三个偏低年份。

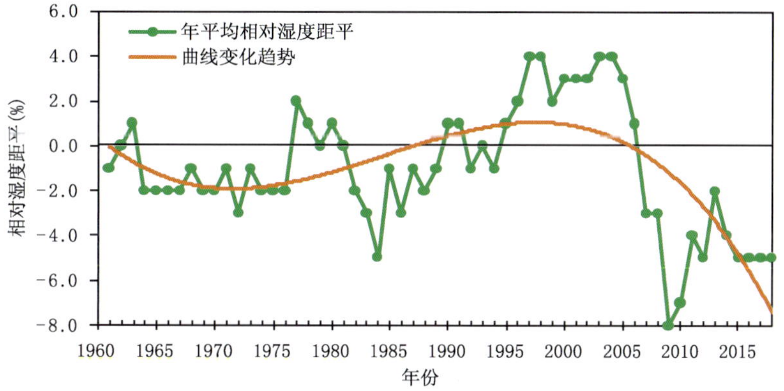

图 2.39　1961—2018 年西藏年平均相对湿度距平变化

表 2.20　西藏平均相对湿度的变化趋势（%/10a）

时间段（年）	年	春季	夏季	秋季	冬季
1961—2018	−0.25	0.33	−0.76**	−0.67*	0.15
1981—2018	−0.09	−0.02	−0.07	−0.13*	−0.16*

注：*，** 分别表示通过 0.05 和 0.01 显著性检验水平。

从分析西藏各站年平均相对湿度变化趋势来看（图 2.40），近 58 年（1961—2018 年）申扎、江孜、隆子和丁青 4 个站年平均相对湿度呈增加趋势，增幅为 0.13%～0.56%/10a，其中江孜增幅最大（$P<0.05$）；其他各站表现为不同程度的减小趋势，平均每 10 年减小 0.10%～1.73%，以拉萨减幅最大（$P<0.001$）。

2.1.8.2 季平均相对湿度

从近 58 年（1961—2018 年）西藏各站四季平均相对湿度变化趋势空间分布来看，春季（图 2.41(a)）除狮泉河、拉萨、林芝和波密以−0.17%～−0.85%/10a 的速度呈减小趋势外，其他站点均趋于增大，平均每 10 年增大 0.09%～1.20%，其中那曲最大。夏季（图 2.41(b)），各站平均相对湿度均呈减小趋势，为−0.35%～−2.08%/10a，其中拉萨减幅最大（$P<0.01$）。秋季（图 2.41(c)）平均相对湿度仅在丁青站趋于增加，为 0.17%/10a；林芝无变化；其他各站表

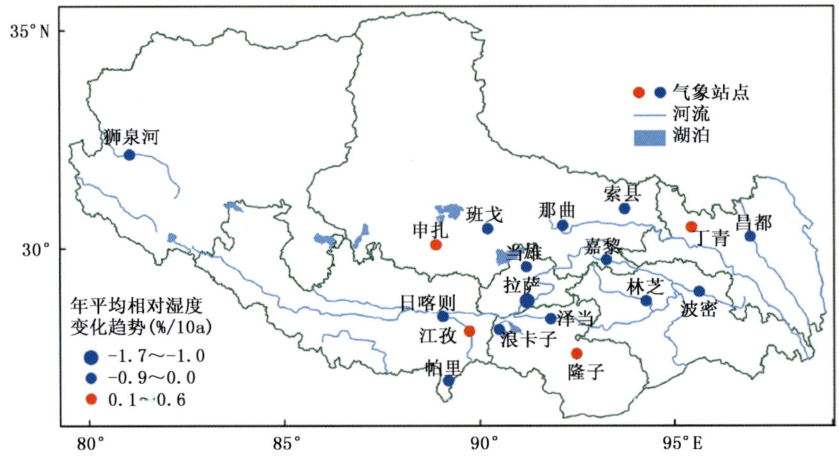

图 2.40　1961—2018 年西藏年平均相对湿度变化趋势空间分布

现为减小态势，平均每 10 年减小 0.12%～2.60%，以拉萨减幅最大（$P<0.001$）。冬季（图 2.41(d)），拉萨、泽当、日喀则、当雄、班戈、嘉黎、昌都和波密 8 个站相对湿度呈减小趋势，为 −0.03%～−1.42%/10a，仍以拉萨减幅最大（$P<0.001$）；索县站无变化；其他各站均趋于增大，增幅为 0.01%～2.27%/10a（4 个站 $P<0.05$），以江孜增幅最大（$P<0.001$）；其次是申扎，为 1.53%/10a（$P<0.001$）。

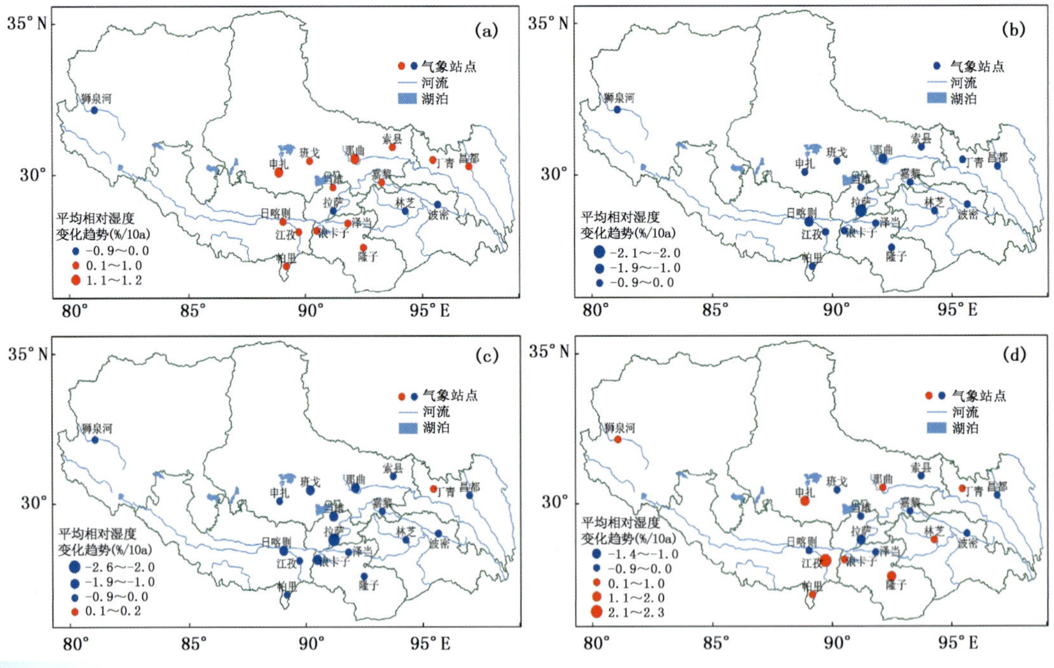

图 2.41　1961—2018 年西藏四季平均相对湿度变化趋势空间分布

(a)春季，(b)夏季，(c)秋季，(d)冬季

2.1.9 平均风速

2.1.9.1 年平均风速

1961—2018年，西藏年平均风速呈显著减小趋势(图2.42，表2.21)，平均每10年减小0.07 m/s($P<0.001$)，比全国平均风速减幅(−0.13(m/s)/10a)偏小。西藏平均风速变小主要表现在春季，为−0.11 (m/s)/10a($P<0.001$)。1981—2018年，西藏年平均风速减小明显，为−0.10 (m/s)/10a($P<0.001$)，尤其是春季，达−0.20 (m/s)/10a($P<0.001$)。2018年，西藏年平均风速为2.4 m/s，比常年值(2.3 m/s)略大，与2015年、2016年和2017年持平。

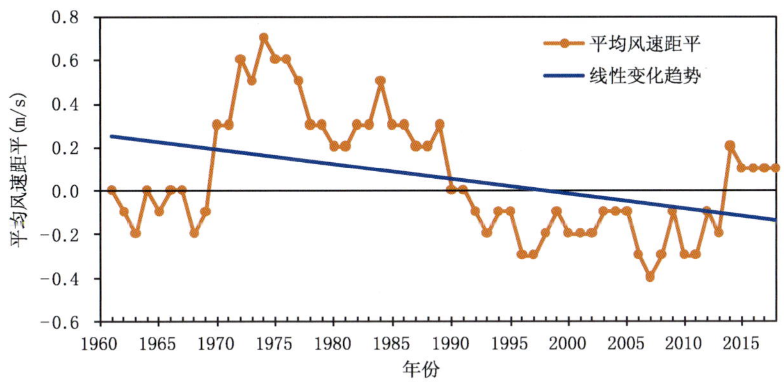

图2.42 1961—2018年西藏年平均风速距平变化

表2.21 西藏平均风速的变化趋势[(m/s)/10a]

时间段(年)	年	春季	夏季	秋季	冬季
1961—2018	−0.07**	−0.11***	−0.05*	−0.06**	−0.07*
1981—2018	−0.10***	−0.20***	−0.11**	−0.07*	−0.07

注：*，**，***分别表示通过0.05，0.01和0.001显著性检验水平。

通过对西藏年平均风速变化趋势分析(图2.43)，结果表明，近58年(1961—2018年)班戈、索县和帕里3个站平均速度呈增加趋势，增幅不大，为0.01～0.07 (m/s)/10a；其他各站表现出减小趋势，为−0.01～−0.25 (m/s)/10a(10个站$P<0.05$)，其中泽当减幅最大($P<0.001$)，其次是狮泉河，为−0.17 (m/s)/10a($P<0.001$)。

2.1.9.2 季平均风速

从近58年(1961—2018年)西藏各站四季平均风速变化趋势来看，春季(图2.44(a))只有帕里呈增加趋势，为0.08 (m/s)/10a；索县无变化；其他各站表现为不同程度的减小趋势，为−0.02～−0.37 (m/s)/10a(11个站$P<0.05$)，以泽当减幅最大($P<0.001$)，那曲次之，为−0.24 (m/s)/10a($P<0.001$)。夏季(图2.44(b))平均风速在索县、拉萨、日喀则和帕里4个站上趋于增加，为0.01～0.07 (m/s)/10a；其他各站表现为减少趋势，平均每10年减少0.02～0.22 m/s(9个站$P<0.05$)，以泽当减幅最大($P<0.001$)。秋季(图2.44(c))，帕里、日喀则、班戈和索县4个站呈增加趋势，为0.01～0.05 (m/s)/10a(帕里、索县增幅最大)；其他各

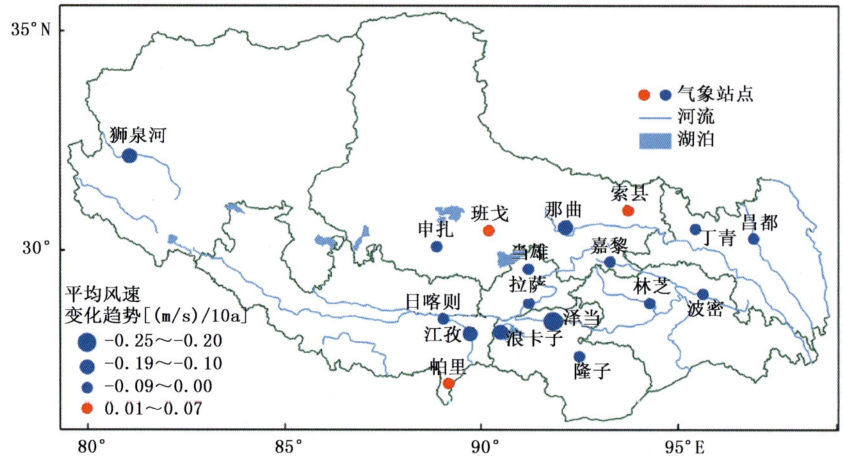

图 2.43　1961—2018 年西藏年平均风速变化趋势空间分布

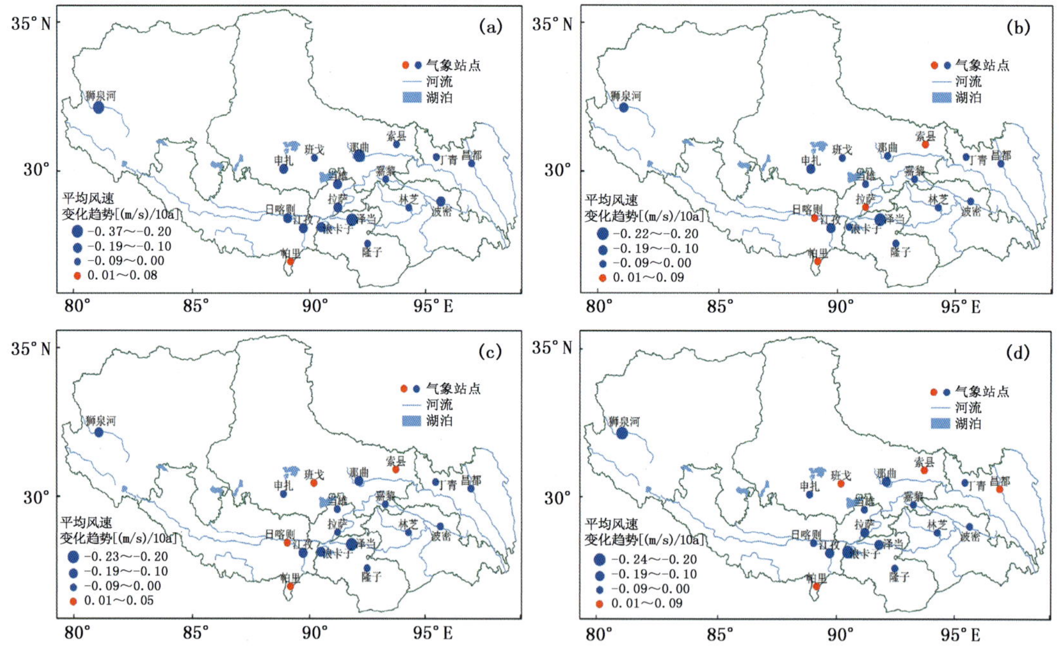

图 2.44　1961—2018 年西藏四季平均风速变化趋势空间分布
(a)春季,(b)夏季,(c)秋季,(d)冬季

站以每 10 年 0.01～0.23 m/s 的速度减小(10 个站 $P<0.05$),仍以泽当减幅最大($P<0.001$)。冬季(图 2.44(d)),平均风速趋于增加的站点分布在帕里、班戈、索县和昌都 4 个站,增幅为 0.02～0.09 (m/s)/10a,以班戈增幅最大;其他各站为减少趋势,为－0.02～－0.24 (m/s)/10a(9 个站 $P<0.05$),以狮泉河减幅最大($P<0.001$),其次是狮泉河,为－0.23 (m/s)/10a($P<0.001$)。

2.1.10　积温

2.1.10.1　≥0 ℃初日

1961—2018年西藏日平均气温≥0 ℃初日呈显著提早趋势，平均每10年提早2.9 d(P<0.001，图2.45(a))，特别是近38年(1981—2018年)，每10年提早了5.3 d(P<0.001)；在不同海拔高度上，初日均表现为提早趋势。其中，海拔4 500 m以上地区提早趋势最为明显(图2.45(b))，平均每10年提早5.0 d(P<0.001)，近38年(1981—2018年)提早更明显，平均每10年提早10.3 d；海拔3 200～4 500 m的中等海拔地区提早趋势为2.1 d/10a(P<0.001，图2.45(c))；海拔3 200 m以下地区提早趋势也明显(图2.45(d))，平均每10年提早4.6 d(P<0.001)。

2018年，西藏日平均气温≥0 ℃初日为3月10日，较常年值提早20 d，是1961年以来与2016年并列最早年份。其中，海拔4 500 m以上地区≥0 ℃初日为5月2日，较常年偏早31 d，为1961年以来第五早年份；海拔3 200～4 500 m的中等海拔地区≥0 ℃初日为3月7日，较常年偏早17 d，为1961年以来最早年份；海拔3 200 m以下地区≥0 ℃初日为1月6日，较常年偏早21 d，为1961年以来第二早年份，仅次于2006年(1月1日)。

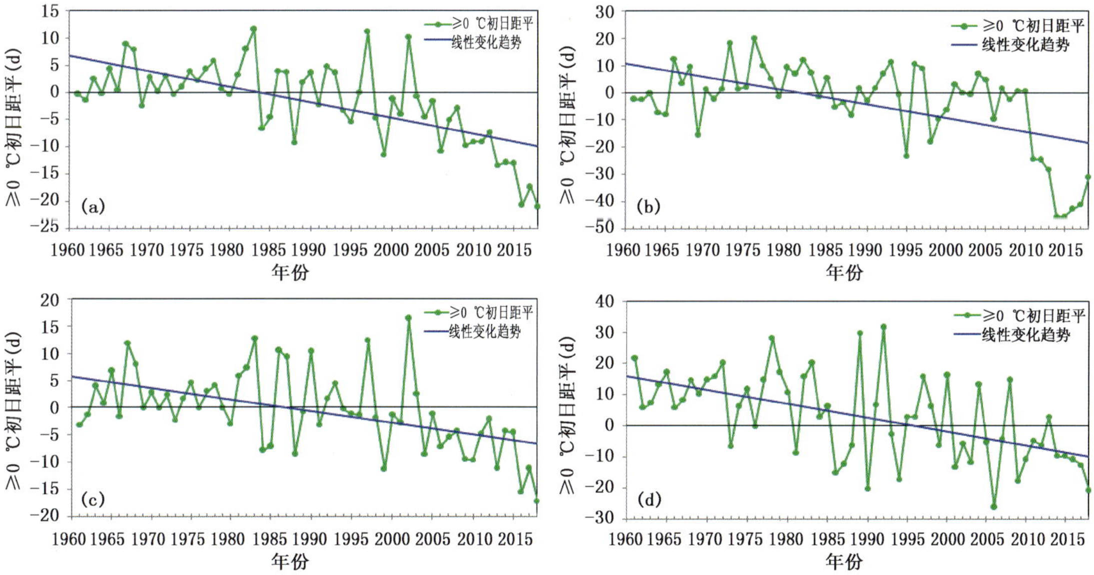

图2.45　1961—2018年西藏日平均气温≥0 ℃初日距平变化
(a)全区，(b)海拔4 500 m以上地区，(c)海拔3 200～4 500 m地区，(d)海拔3 200 m以下地区

从近58年(1961—2018年)西藏日平均气温≥0 ℃初日变化趋势空间分布来看(图2.46)，除嘉黎、隆子、帕里弱的推迟趋势外(0.1～0.6 d/10a)，其他各站≥0 ℃初日均表现为一致的提早趋势，平均每10年提早了0.9～8.6 d(12个站点P<0.05)，以泽当提早的最多，其次是申扎，为−5.7 d/10a(P<0.001)。

2.1.10.2　≥0 ℃终日

1961—2018年西藏日平均气温≥0℃终日表现为显著的推迟趋势，平均每10年推迟2.2 d(P<0.001，图2.47(a))。近38年(1981—2018年)推迟更明显，平均每10年推迟了4.0 d

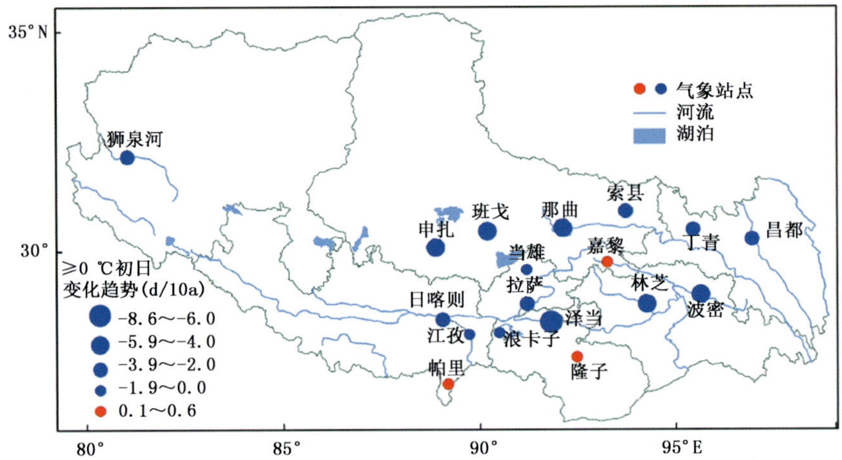

图 2.46　1961—2018 年西藏日平均气温≥0 ℃初日变化趋势空间分布

($P<0.001$);在不同海拔高度上,≥0 ℃终日都表现为推迟趋势。其中,海拔 4 500 m 以上地区推迟最为明显(图 2.47(b)),平均每 10 年推迟 4.2 d($P<0.001$);海拔 3 200～4 500 m 的中等海拔地区每 10 年推迟 1.7 d($P<0.001$,图 2.47(c));海拔 3 200 m 以下地区推迟幅度不及上述两个地区,平均每 10 年推迟 2.8 d($P<0.001$,图 2.47(d))。这表明,≥0 ℃终日高海拔地区比低海拔地区推迟的幅度要大。

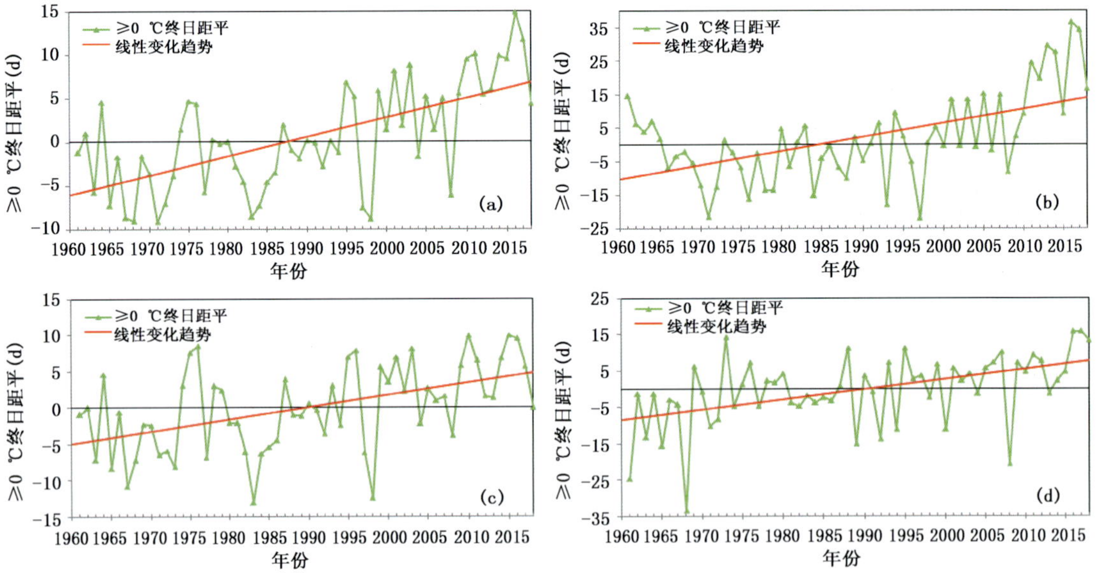

图 2.47　1961—2018 年西藏日平均气温≥0 ℃终日距平变化

(a)全区,(b)海拔 4 500 m 以上地区,(c)海拔 3 200～4 500 m 地区,(d)海拔 3 200 m 以下地区

2018 年,西藏日平均气温≥0 ℃终日为 11 月 5 日,较常年值偏晚 4 d,是 1961 年以来并列第十七个偏晚年份。其中,海拔 4 500 m 以上地区≥0 ℃终日为 10 月 6 日,较常年偏晚 17 d,是 1961 年以来第 7 个偏晚年份;海拔 3 200～4 500 m 的中等海拔地区≥0 ℃终日为 11 月 4

日，与常年值持平；海拔 3 200 m 以下地区≥0 ℃终日为 12 月 28 日，较常年偏晚 13 d，是 1961 年以来第 4 个偏晚年份。

从近 58 年(1961—2018 年)西藏日平均气温≥0 ℃终日变化趋势空间分布来看(图 2.48)，浪卡子为略有提早趋势(−1.3 d/10a)，其他各地≥0 ℃终日都呈推迟趋势，平均每 10 年推迟 0.2～6.1 d(11 个站点 $P<0.05$)，仍以泽当推迟的最多，其次是那曲，为 5.5 d/10a($P<0.001$)。

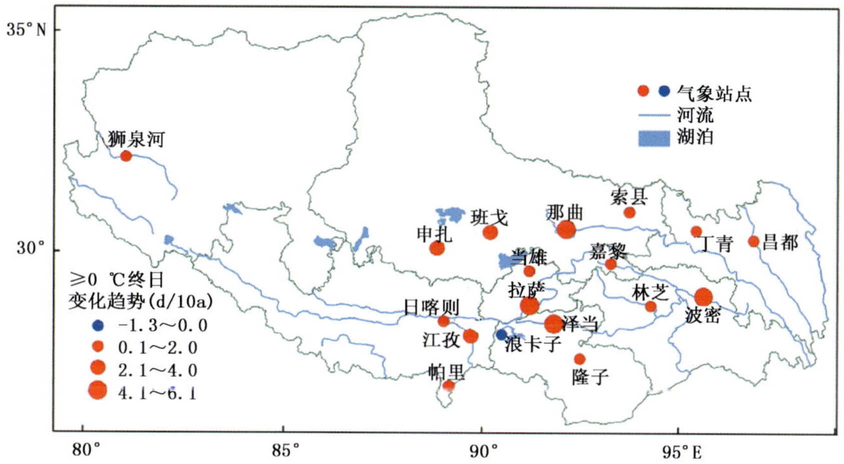

图 2.48　1961—2018 年西藏日平均气温≥0 ℃终日变化趋势空间分布

2.1.10.3　≥0 ℃持续日数

1961—2018 年西藏日平均气温≥0 ℃持续日数呈显著延长趋势，平均每 10 年延长 5.1 d ($P<0.001$，图 2.49(a))，尤其是近 38 年(1981—2018 年)每 10 年延长了 9.3 d($P<0.001$)；在不同海拔高度上，≥0℃持续日数均表现为显著的延长特征。其中，海拔 4 500 m 以上地区延长趋势最为明显(图 2.49(b))，平均每 10 年延长 9.2 d($P<0.001$)，特别是近 38 年延长率达 18.8 d/10a($P<0.001$)；海拔 3 200～4 500 m 的中等海拔地区延长率为 3.8 d/10a($P<0.001$，图 2.49(c))；海拔 3 200 m 以下地区平均每 10 年延长了 7.2 d($P<0.001$，图 2.49(d))。

2018 年，西藏日平均气温≥0 ℃持续日数为 240 d，较常年值延长了 24 d，是 1961 年以来第三长年份。其中，海拔 4 500 m 以上地区≥0 ℃持续日数为 157 d，较常年偏长 48 d，是 1961 年以来第七个偏长年份；海拔 3 200～4 500 m 的中等海拔地区≥0 ℃持续日数为 242 d，较常年偏长 17 d，是 1961 年以来第三个偏长年份；海拔 3 200 m 以下地区≥0 ℃持续日数为 356 d，较常年偏长 34 d，是 1961 年以来最长年份。

从 1961—2018 年西藏日平均气温≥0 ℃持续日数变化趋势空间分布来看(图 2.50)，除嘉黎、浪卡子表现为弱的缩短趋势(−0.4 d/10a)外，其他各站≥0 ℃持续日数均呈现为延长趋势特征，平均每 10 年延长 0.2～14.7 d(66%的站点 $P<0.05$)，其中泽当延长最多($P<0.001$)，其次是那曲，为 10.3 d/10a($P<0.001$)。林芝市延长率为 5.4～9.0 d/10a，昌都市北部延长率为 4.1～4.2 d/10a，那曲市大部延长率为 3.9～10.3 d/10a，沿雅鲁藏布江一线延长率为 3.0～13.9 d/10a。近 38 年(1981—2018 年)，除隆子基本无变化外，其他各站≥0 ℃持续日数显著延长，延长率为 1.1～26.8 d/10a，仍以泽当延长的最多($P<0.001$)，其次是班戈，为 20.1 d/10a($P<0.001$)；那曲市中西部、拉萨、泽当、江孜和波密延长率在 10.0 d/10a 以上。

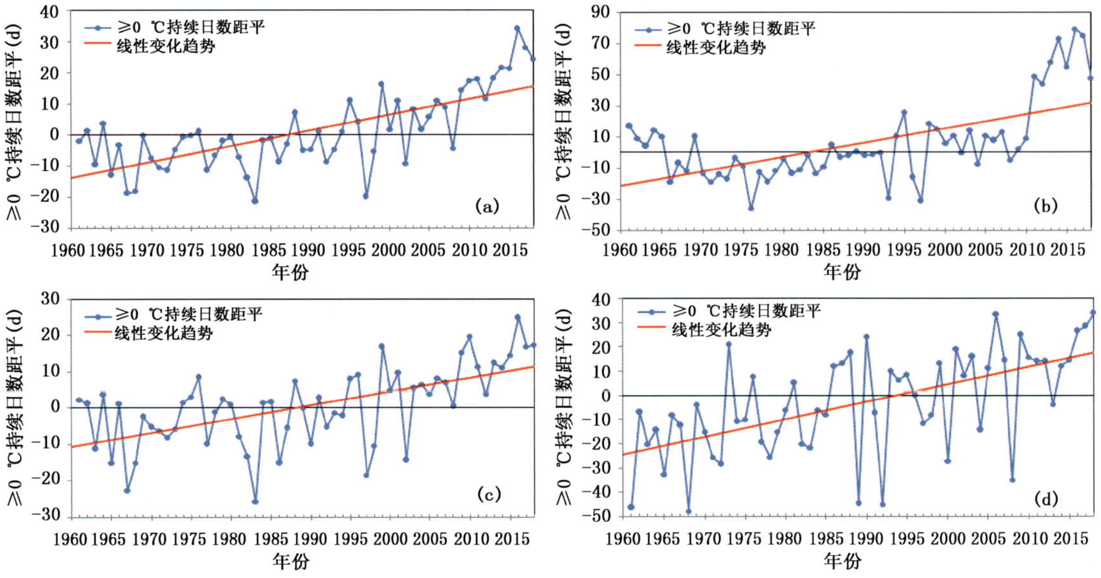

图 2.49　1961—2018 年西藏日平均气温≥0 ℃持续日数距平变化

(a)全区,(b)海拔 4 500 m 以上地区,(c)海拔 3 200～4 500 m 地区,(d)海拔 3 200 m 以下地区

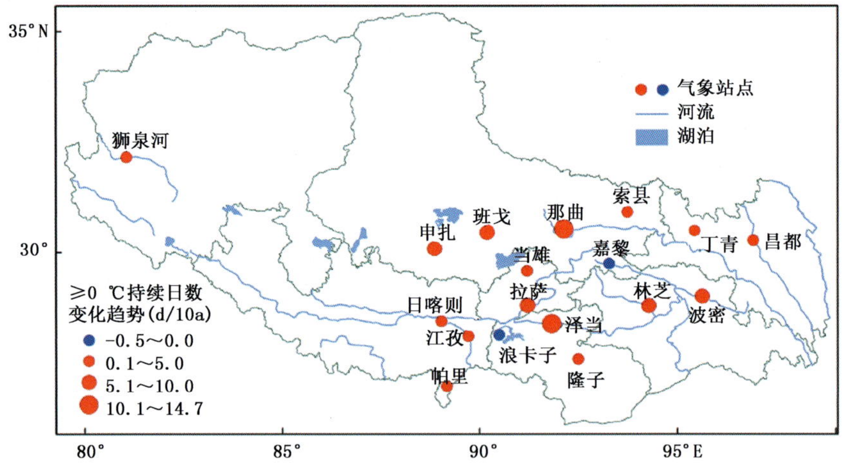

图 2.50　1961—2018 年西藏日平均气温≥0 ℃持续日数变化趋势空间分布

2.1.10.4　≥0 ℃积温

1961—2018 年西藏日平均气温≥0 ℃活动积温呈明显增加趋势(图 2.51(a)),平均每 10 年增加 61.4 ℃ · d,尤其是近 38 年(1981—2018 年),增幅达 83.1 ℃ · d /10a;在不同海拔高度上,增加特征趋同存异。其中,海拔 4 500 m 以上地区平均每 10 年增加 51.0 ℃ · d(图 2.51(b));海拔3 200～4 500 m 的中等海拔地区增幅为 58.4 ℃ · d /10a(图 2.51(c));海拔 3 200 m 以下地区增加幅度最明显,为 94.2 ℃ · d /10a(图 2.51(d))。这表明,≥0 ℃积温的增幅在低海拔地区比高海拔地区明显。

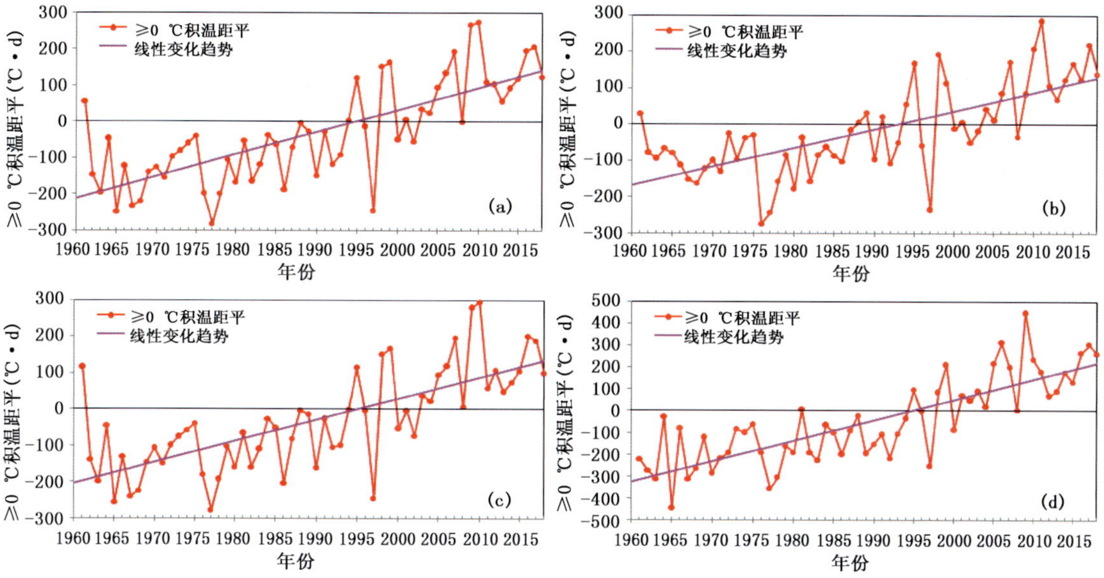

图 2.51 1961—2018 年西藏日平均气温≥0 ℃积温距平变化

(a)全区,(b)海拔 4 500 m 以上地区,(c)海拔 3 200～4 500 m 地区,(d)海拔 3 200 m 以下地区

2018 年,西藏日平均气温≥0 ℃活动积温为 2 203.4 ℃·d,较常年值偏高 124.2 ℃·d,是 1961 年以来第九个偏高年份。其中,海拔 4 500 m 以上地区≥0 ℃活动积温为 1 317.6 ℃·d,较常年值偏高 139.1 ℃·d,是 1961 年以来第八个偏高年份;海拔 3 200～4 500 m 的中等海拔地区≥0 ℃活动积温为 2 197.6 ℃·d,较常年值偏高 99.6 ℃·d,是 1961 年以来第十三个偏高年份;海拔 3 200 m 以下地区≥0 ℃活动积温为 3 570.2 ℃·d,较常年值偏高 262.5 ℃·d,是 1961 年以来第五个偏高年份。

从近 58 年(1961—2018 年)西藏日平均气温≥0℃积温变化趋势空间分布来看(图 2.52),各站均表现为增加趋势,增幅为 13.5～149.2℃·d/10a(17 个站点 $P<0.01$),以拉萨增幅最大,其次是林芝,为 96.5 ℃·d/10a。其中,增幅大于 50.0 ℃·d/10a 的地区主要分布在沿雅鲁藏布

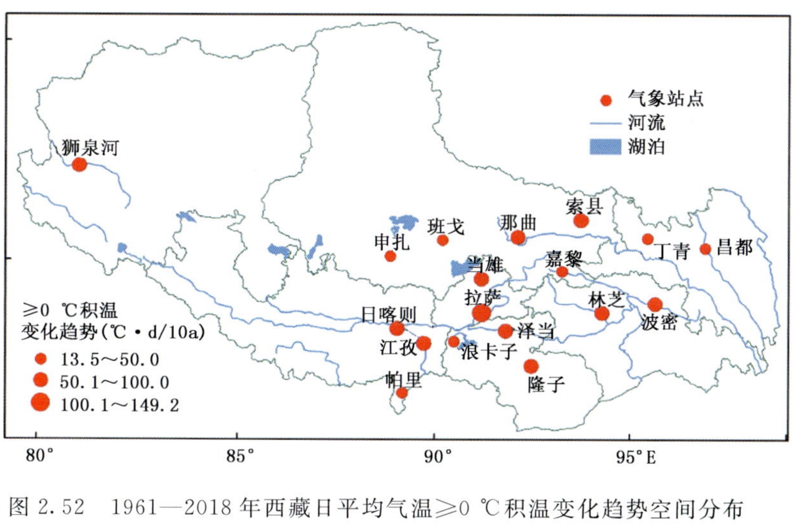

图 2.52 1961—2018 年西藏日平均气温≥0 ℃积温变化趋势空间分布

江一线、林芝市、阿里地区西部和那曲市中东部。近38年(1981—2018年)各站≥0℃积温增加的更明显，增幅为35.6～184.2 ℃·d/10a(所有站点$P<0.05$，14个站点$P<0.001$)，其中狮泉河、日喀则、拉萨、林芝和波密增幅在100.0 ℃·d/10a以上，拉萨达到184.2 ℃·d/10a。

2.2 极端气候事件指数

气候变化的影响多通过极端气候事件反映出来，而极端气候与气候平均状态的变化存在差异，这决定了极端气候事件具有独特的研究价值。不断变化的气候可导致极端天气和气候事件的发生频率、强度、空间范围和持续时间发生变化，并能导致前所未有的极端天气和气候事件。气温和降水作为最基本的气象要素，其极值的变化情况直接影响到自然系统，而高温热浪、致洪暴雨等灾害性极端气温或降水事件更是直接影响到人类社会的生产生活各个方面，所以研究极端气温和极端降水具有重要的理论和实际意义。极端气候事件指数是描述极端气候事件的重要指标，本公报利用WMO定义的极端气候指数(Peterson et al,2001)，通过RClimDex软件计算了西藏20个极端气候指数，以揭示其近58年(1961—2018年)的变化规律，力求为当地应对气候变化、防灾减灾提供参考，为评估未来气候变化的影响提供基础资料。

2.2.1 极端最高气温和最低气温

1961—2018年，西藏年极端最高气温(图2.53(a))和年极端最低气温(图2.53(b))均呈明显升高趋势，平均每10年分别升高0.21 ℃($P<0.001$)和0.62 ℃($P<0.001$)。

2018年，西藏极端最高气温出现在八宿，为32.4 ℃(出现在6月25日)，超历史同期极大值；极端最低气温出现在定日，为−32.6 ℃(出现在12月22日)。其中，1月11日狮泉河、改则、普兰等6个站日最高气温超历史同期极大值；5月21日林芝、南木林最高气温分别为28.4 ℃和25.5 ℃，5月22日昌都、洛隆最高气温分别为30.7 ℃和26.3 ℃，4个站日最高气温均超历史同期极大值；12月份受强降雪雪后降温的影响，沿雅鲁藏布江一线共有19站次的日最低气温屡次刷新历史同期极小值，其中贡嘎(−20.7 ℃)、江孜(−25.2 ℃)、隆子(−28.7 ℃)打破了该站建站以来的年极端最低气温，创新低。

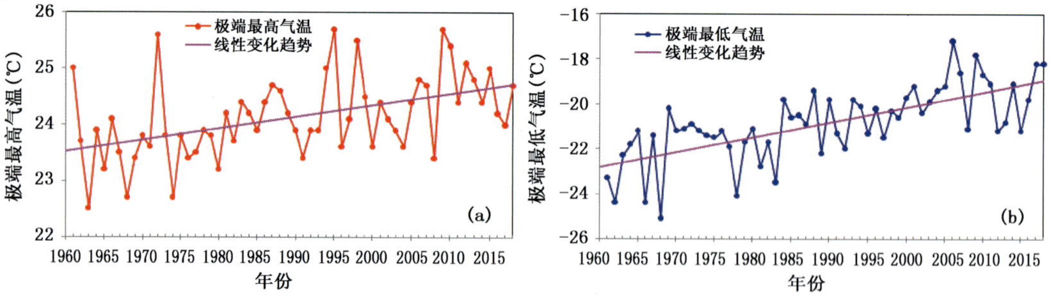

图2.53 1961—2018年西藏年极端最高气温(a)和年极端最低气温(b)变化

根据1961—2018年年极端最高气温和最低气温变化趋势空间分布分析发现，年极端最高气温(图2.54(a))在所有站点上均表现为升高趋势，升幅为0.01～0.47 ℃/10a(10个站$P<0.05$)，升幅以拉萨最大($P<0.001$)、浪卡子最小。年极端最低气温在隆子站趋于下降

(−0.16℃/10a)，其他各站都呈上升趋势(图 2.54(b))，平均每 10 年升高 0.01～1.53 ℃(15 个站 $P<0.05$)，其中那曲升幅最大($P<0.001$)，其次是班戈，为 1.49 ℃/10a($P<0.01$)，林芝升温幅度最小。

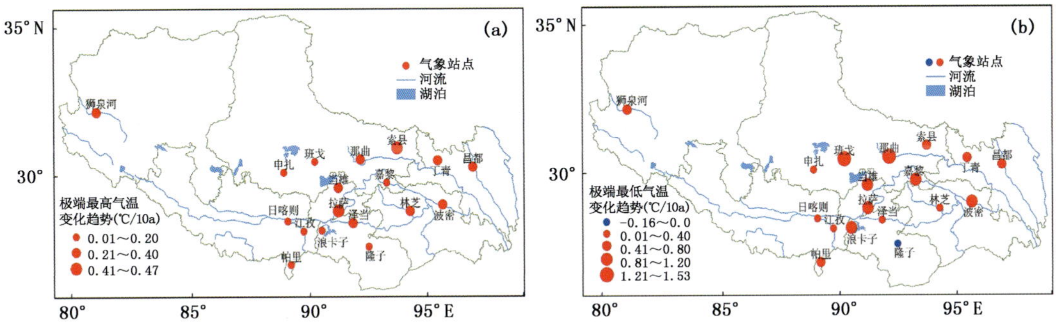

图 2.54　1961—2018 年西藏年极端最高气温(a)和年极端最低气温(b)变化趋势空间分布

2.2.2　最高气温极小值和最低气温极大值

1961—2018 年，西藏年最高气温极小值(图 2.55(a))和年最低气温极大值(图 2.55(b))都表现为明显升高趋势，平均每 10 年分别升高 0.25 ℃($P<0.05$)和 0.29 ℃($P<0.001$)。近 38 年(1981—2018 年)，西藏年最高气温极小值和最低气温极大值升温幅度更明显，升温率分别为 0.47 ℃/10a($P<0.05$)和 0.41 ℃/10a($P<0.001$)。

2018 年，西藏年最高气温极小值为−5.1 ℃，较常年值(−4.4 ℃)偏低 0.7 ℃，为 1961 年以来并列第十九个偏低年份；年最低气温极大值为 12.1 ℃，较常年值(10.9 ℃)偏高 1.2 ℃，为 1961 年以来第二高值年份，仅次于 2010 年(12.2 ℃)。

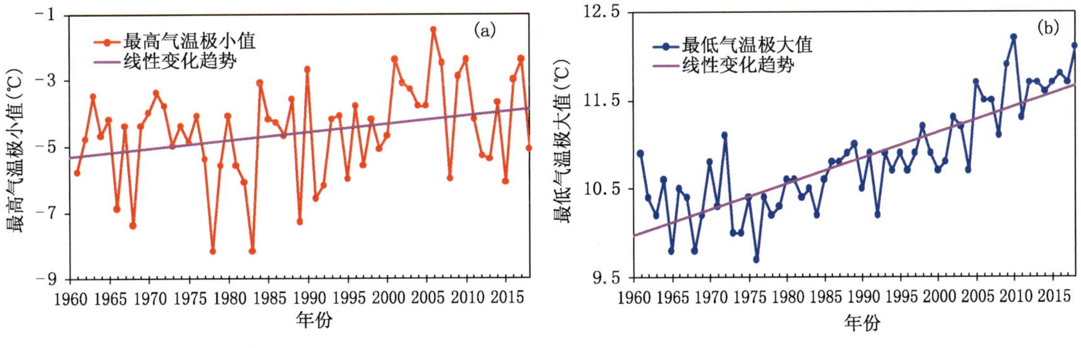

图 2.55　1961—2018 年西藏年最高气温极小值(a)和年最低气温极大值(b)变化

从线性变化趋势空间分布来看，近 58 年(1961—2018 年)年最高气温极小值(图 2.56(a))在江孜、嘉黎两个站上表现为降低趋势，分别为−0.04 ℃/10a 和−0.06 ℃/10a；其余各站都趋于上升，升幅为 0.05～0.78 ℃/10a(9 个站 $P<0.05$)，以那曲升幅最大($P<0.01$)。年最低气温极大值在所有站上均表现为升高趋势(图 2.56(b))，升幅为 0.10～0.72 ℃/10a(除嘉黎外，各站 $P<0.05$)，以拉萨升幅最大($P<0.001$)，那曲次之(0.42 ℃/10a，$P<0.001$)，嘉黎最小。

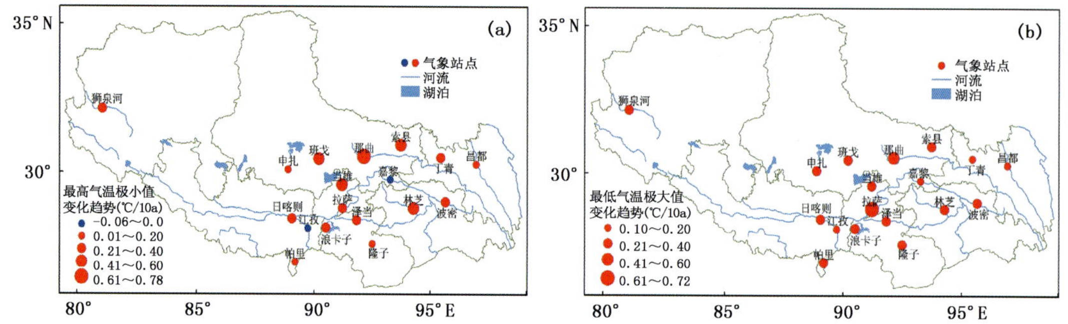

图 2.56　1961—2018 年西藏年最高气温极小值(a)和年最低气温极大值(b)变化趋势空间分布

2.2.3　暖昼日数和冷昼日数

1961—2018 年，西藏平均年暖昼日数呈显著增加趋势(图 2.57(a))，增幅为 6.3 d/10a($P<0.001$)，近 28 年(1991—2018)增幅高达 13.5 d/10a($P<0.01$)；而平均年冷昼日数呈明显减少趋势(图 2.57(b))，平均每 10 年减少 6.0 d($P<0.001$)，近 28 年尤为明显，为－9.6 d/10a($P<0.001$)。

2018 年，西藏平均年暖昼日数为 50.2 d，较常年值(38.4 d)偏多 11.8 d，为 1961 年以来第十个偏多年份；平均年冷昼日数为 29.1 d，较常年值(37.9 d)偏少 8.8 d，为 1961 年以来第十六个偏少年份。

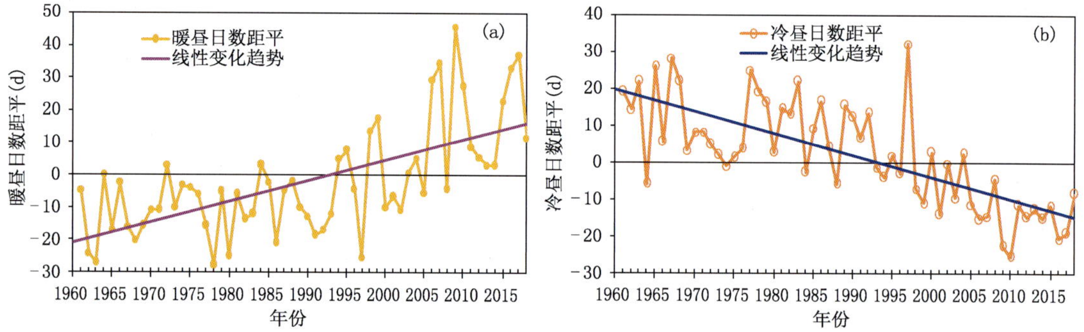

图 2.57　1961—2018 年西藏平均年暖昼日数(a)和年冷昼日数(b)距平变化

从 1961—2018 年西藏年暖昼日数和冷昼日数变化趋势空间分布来看，所有站的年暖昼日数均呈增加趋势(图 2.58(a))，增幅为 0.8～10.6 d/10a(除嘉黎外，各站 $P<0.01$)，以拉萨增幅最大($P<0.001$)，泽当次之(8.3 d/10a，$P<0.001$)，嘉黎增幅最小。而年冷昼日数在各站上都表现为减少趋势(图 2.58(b))，为－2.2～－9.9 d/10a(除嘉黎外，各站 $P<0.05$)，以拉萨减幅最大($P<0.001$)，日喀则次之(－9.3 d/10a，$P<0.001$)，嘉黎减幅最小。近 28 年(1991—2018 年)，年暖昼日数增加趋势更明显，增幅为 7.8～17.8 d/10a(所有站 $P<0.05$)，增幅以狮泉河最大、帕里最小；年冷昼日数减少趋势也更突出，为－6.4～－15.3 d/10a(所有站 $P<0.05$)，减幅以当雄最大、嘉黎最小。

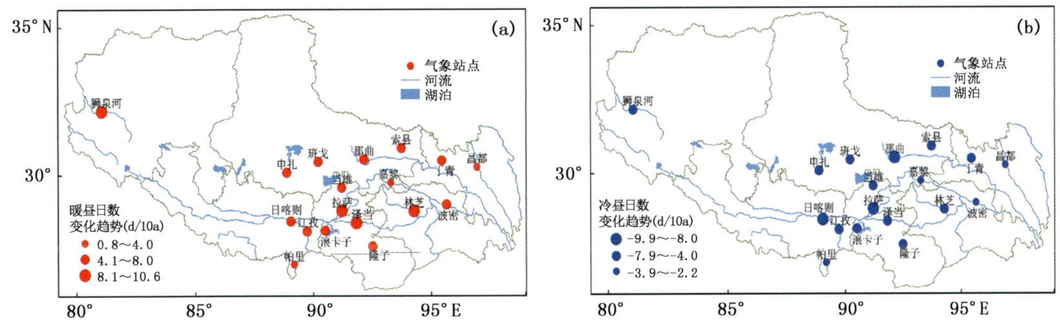

图 2.58　1961—2018 年西藏年暖昼日数(a)和年冷昼日数(b)变化趋势空间分布

2.2.4　暖夜日数和冷夜日数

1961—2018 年，西藏平均年暖夜日数表现出显著的增加趋势(图 2.59(a))，增幅为 9.6 d/10a(P<0.001)，近 28 年(1991—2018)增幅更为明显，达 17.3 d/10a(P<0.001)；而平均年冷夜日数呈明显减少趋势(图 2.59(b))，平均每 10 年减少 11.1 d(P<0.001)，不过近 28 年减幅有所变小，为－9.7 d/10a(P<0.001)。

2018 年，西藏平均年暖夜日数为 74.2 d，较常年值(37.5 d)偏多 36.7 d，为 1961 年以来第三个偏多年份，少于 2010 年(81.1 d)和 2009 年(77.2 d)；平均年冷夜日数为 23.4 d，较常年值(37.7 d)偏少 14.3 d，是 1961 年以来第十二个偏少年份。

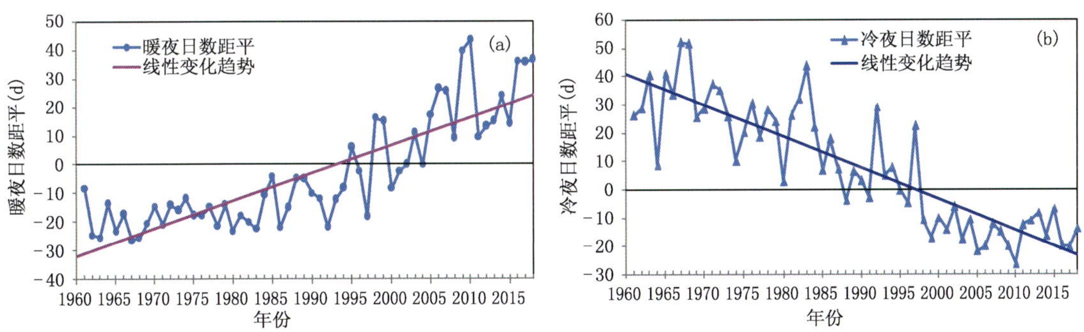

图 2.59　1961—2018 年西藏平均年暖夜日数(a)和年冷夜日数(b)距平变化

根据近 58 年(1961—2018 年)西藏年暖夜日数和冷夜日数变化趋势空间分布分析，结果显示，各站年暖夜日数呈显著增加趋势(图 2.60(a))，增幅为 5.9～14.7 d/10a(各站 P<0.001)，以波密增幅最大(P<0.001)，拉萨次之(14.4 d/10a，P<0.001)，嘉黎增幅最小；近 28 年(1991—2018 年)大部分站点增幅更明显，为 11.8～35.9 d/10a(P<0.001)，仍以波密增幅最大。近 58 年，年冷夜日数在所有站上都表现为一致的减少趋势(图 2.60(b))，平均每 10 年减少 0.4～22.8 d(除隆子未通过显著性检验外，其余各站 P<0.001)，以拉萨减幅最大(P<0.001)，其次是那曲(－19.7 d/10a，P<0.001)，隆子减幅最小。

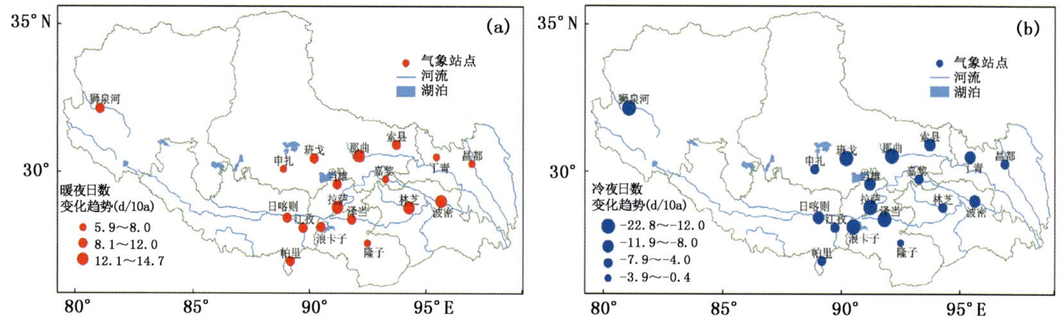

图 2.60 1961—2018 年西藏年暖夜日数(a)和年冷夜日数(b)变化趋势空间分布

2.2.5 霜冻日数和结冰日数

1961—2018 年，西藏平均年霜冻日数(图 2.61(a))、年结冰日数(图 2.61(b))均表现为显著减少趋势，平均每 10 年分别减少 4.8 d(P<0.001)和 3.1 d(P<0.001)；近 28 年(1991—2018 年)年霜冻日数和结冰日数的减少幅度更大，分别达到－6.2 d/10a(P<0.001)和－6.9 d/10a(P<0.001)。

2018 年，西藏平均年霜冻日为 195.3 d，较常年值(200.9 d)偏少 5.6 d，是 1961 年以来并列第十三个偏少年份；平均年结冰日数为 21.2 d，较常年值(31.6 d)偏少 10.4 d，是 1961 年以来第七个偏少年份。

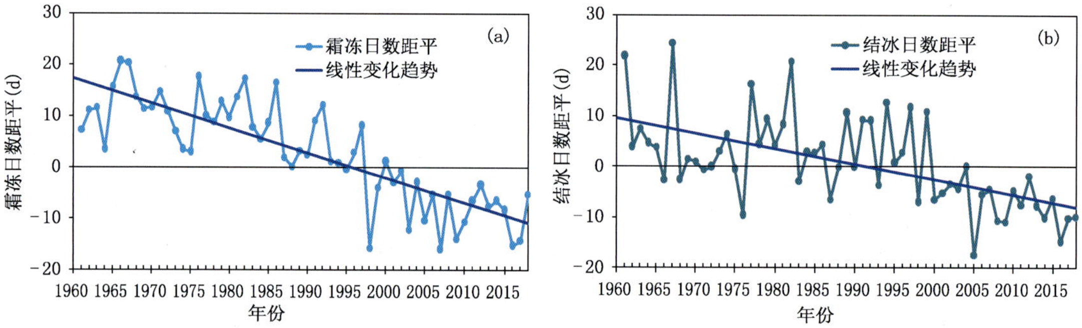

图 2.61 1961—2018 年西藏平均年霜冻日数(a)和年结冰日数(b)距平变化

从 1961—2018 年西藏年霜冻日数和结冰日数变化趋势空间分布来看，年霜冻日数在各站上都表现为减少趋势(图 2.62(a))，平均每 10 年减少 1.6～9.5 d(所有站 P<0.01)，以拉萨减幅最大(P<0.001)，那曲次之(－8.6 d/10a，P<0.001)，隆子减幅最小。年结冰日数(图 2.62(b))在林芝、波密和泽当 3 个站上基本无变化；其他各站均表现为减少趋势，为－0.1～－7.0 d/10a(10 个站 P<0.05)，以班戈减幅最大(P<0.001)，那曲次之(－6.5 d/10a，P<0.001)，昌都减幅最小。近 28 年(1991—2018 年)，绝大部分站点年霜冻日数减少趋势明显，为－3.7～－12.0 d/10a(15 个站 P<0.05)，其中那曲减幅最大(P<0.001)，其次是浪卡子(－11.0 d/10a，P<0.001)。年结冰日数在海拔 4 000 m 以下地区基本无变化，其他各站减少趋势更明显，为－5.2～－16.1 d/10a(10 个站 P<0.05)，以索县减幅最大；其中，那曲市均在－13.0 d/10a 以上。

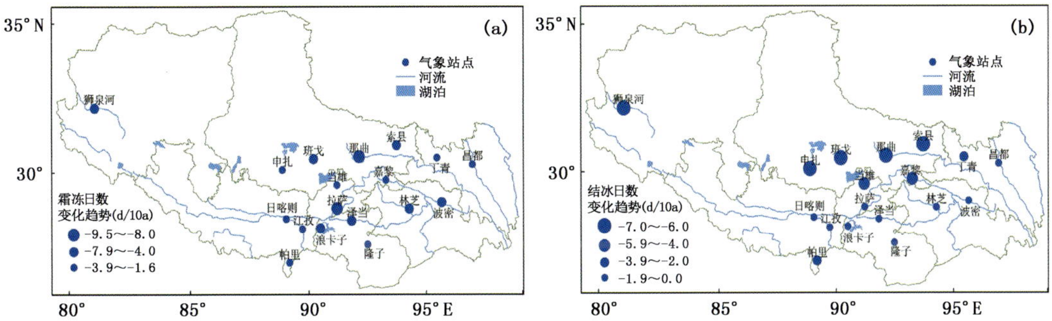

图 2.62　1961—2018 年西藏年霜冻日数(a)和结冰日数(b)变化趋势空间分布

2.2.6　生长季长度

1961—2018 年，西藏平均年生长季长度呈明显延长趋势(图 2.63)，平均每 10 年延长 4.0 d($P<0.001$)，尤其是近 38 年(1981—2018 年)生长季长度延长趋势明显，为 5.4 d/10a($P<0.001$)。

2018 年，西藏平均年生长季长度为 190.9 d，较常年值(190.3 d)略偏多 0.6 d，是 1961 年以来第十九个偏长年份。与 2017 年比较，偏短了 17.0 d。

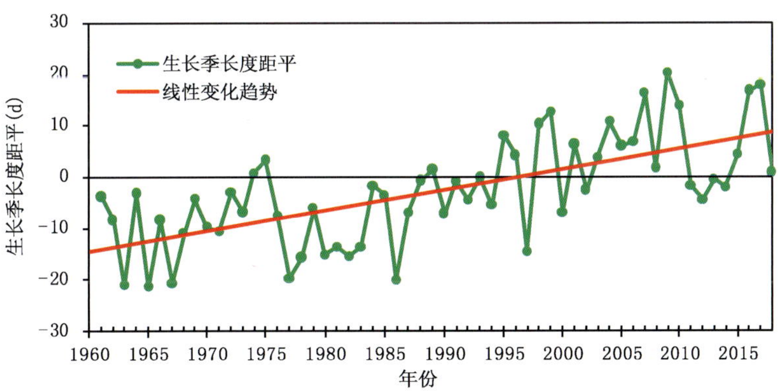

图 2.63　1961—2018 年西藏平均年生长季长度距平变化

从近 58 年(1961—2018 年)西藏年生长季长度变化趋势空间分布(图 2.64)来看，除嘉黎基本无变化外，其他各地均呈延长趋势，平均每 10 年延长了 1.2～12.6 d(15 个站 $P<0.05$)，以拉萨延长幅度最大($P<0.001$)，其次是泽当(10.0 d/10a，$P<0.001$)，帕里最小。近 28 年(1991—2018 年)，日喀则、隆子、浪卡子和索县 4 个站年生长季长度表现为弱的缩短趋势，平均每 10 年缩短 0.5～2.5 d(日喀则缩短最多)；其他大部分站点年生长季长度仍趋于延长，平均每 10 年延长 1.7～10.3 d，以拉萨最大($P<0.001$)，狮泉河次之，为 10.0 d/10a($P<0.10$)，申扎最小。

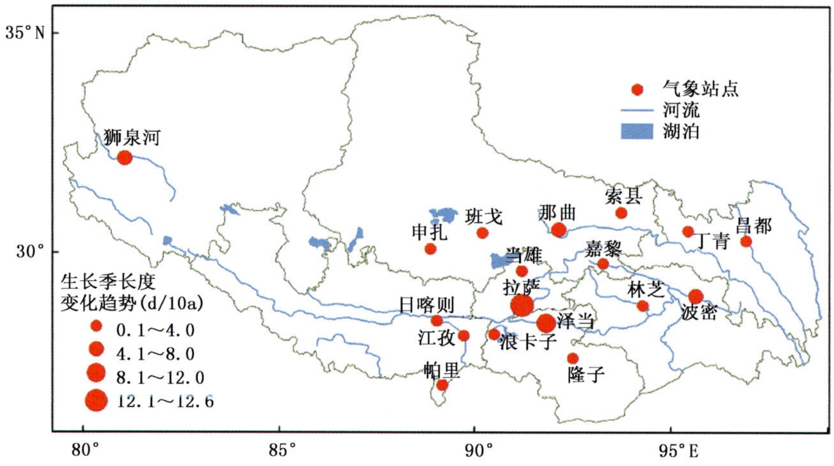

图 2.64　1961—2018 年西藏年生长季长度变化趋势空间分布

2.2.7　1 日最大降水量和 5 日最大降水量

1961—2018 年，西藏平均 1 日最大降水量（图 2.65(a)）和平均 5 日最大降水量（图 2.65(b)）都表现为较弱的增加趋势，增幅分别为 0.24 mm/10a 和 0.39 mm/10a。近 28 年（1991—2018 年）两者增幅明显，平均每 10 年分别增加 1.15 mm（$P<0.10$）和 2.10 mm。

2018 年，西藏平均 1 日最大降水量为 28.5 mm，比常年值（27.7 mm）偏多 0.8 mm。西藏平均 5 日最大降水量为 64.6 mm，比常年值（59.3 mm）偏多 5.3 mm。其中，嘉黎 1 月 6 日降雪量为 10.5mm，创历史同期 1 日最大降雪量；八宿 6 月 26 日降水量为 23.6 mm、左贡 6 月 28 日降水量为 37.5 mm，均创历史同期 1 日最大降水量；昌都 8 月 10 日降水量达 44.3 mm，创历史同期 1 日最大降水量；日喀则 8 月 30 日降水量达 53.5 mm，创有气象记录以来 1 日最大降水量；米林 9 月 13 日降水量为 41.0 mm，墨竹工卡 9 月 22 日降水量为 39.1 mm，均超历史同期 1 日最大降水量；12 月 18 日拉孜、南木林、日喀则、贡嘎、泽当、加查、隆子、定日和帕里 9 个站的降雪量均超历史同期 1 日最大降雪量。

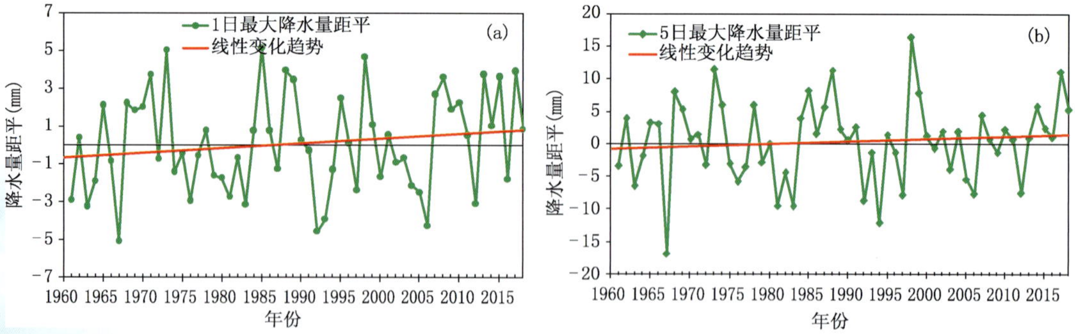

图 2.65　1961—2018 年西藏平均 1 日最大降水量(a)和平均 5 日最大降水量(b)距平变化

从 1961—2018 年西藏 1 日最大降水量和 5 日最大降水量变化趋势空间分布来看，72%站点的 1 日最大降水量为增加趋势（图 2.66(a)），增幅为 0.06～1.26 mm/10a，以帕里增幅最大；其余各站均趋于减少，平均每 10 年减少 0.03～1.30 mm，以当雄减幅最大（$P<0.05$）。56%站点的 5 日最大降水量呈增加趋势（图 2.66(b)），增幅为 0.11～2.83 mm/10a（申扎和隆子 $P<0.05$），以波密增幅最大；其余各站均为减小趋势，为−0.07～−2.06 mm/10a，其中丁青减幅最大。

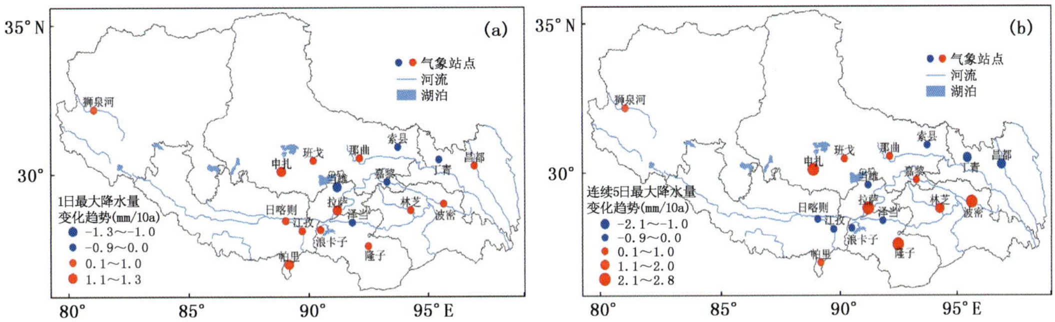

图 2.66　1961—2018 年西藏 1 日最大降水量(a)和 5 日最大降水量(b)变化趋势空间分布

2.2.8　降水强度

1961—2018 年，西藏平均年降水强度呈弱的增加趋势（图 2.67），平均每 10 年增大 0.04 mm/d；近 28 年（1991—2018 年）降水强度增大趋势明显，为 0.10(mm/d)/10a。

2018 年，西藏平均年降水强度为 5.98 mm/d，比常年值（5.83 mm/d）略偏大 0.15 mm/d，是 1961 年以来并列第二十一个强降水量年份。其中，日喀则降水强度最大，为 8.0 mm/d；其次是拉萨，为 7.5 mm/d。

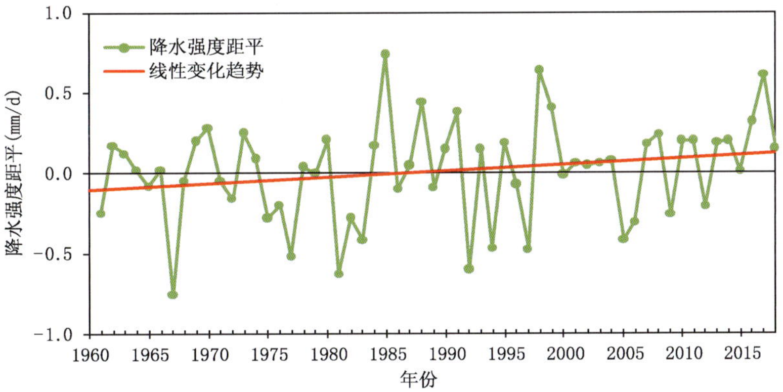

图 2.67　1961—2018 年西藏平均年降水强度距平变化

从 1961—2018 年西藏年降水强度变化趋势空间分布来看（图 2.68），67%站点的降水强度趋于增大，平均每 10 年增大 0.01～0.20 mm/d，其中波密增幅最显著（$P<0.01$）；昌都无变化；其余各地降水强度均表现为减小趋势，为−0.01～−0.13 (mm/d)/10a，以当雄减幅最大（$P<0.05$）。

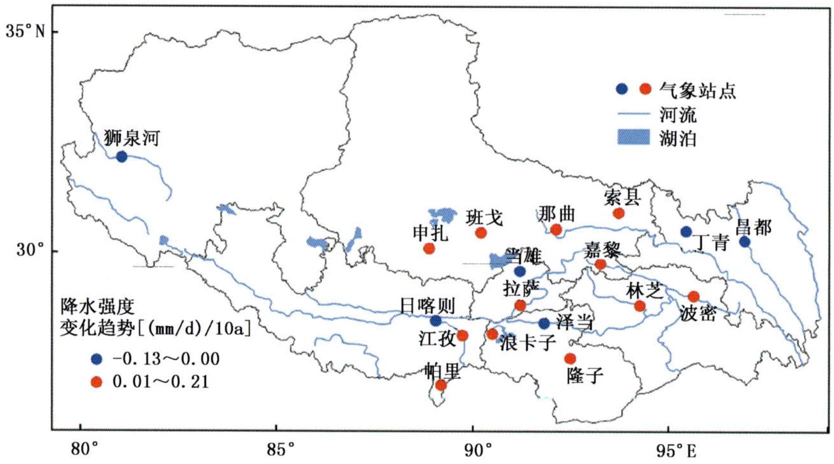

图 2.68　1961—2018 年西藏年降水强度变化趋势空间分布

2.2.9　中雨日数和大雨日数

1961—2018 年，西藏平均年中雨日数呈增加趋势(图 2.69(a))，增幅为 0.35 d/10a($P<0.05$)；年大雨日数表现为弱的增加趋势(图 2.69(b))，为 0.06 d/10a。

2018 年，西藏平均年中雨日数为 14.6 d，较常年值(13.1 d)偏多 1.5 d，为 1961 年以来第十六个偏多年份；平均年大雨日数为 3.1 d，较常年值(2.6 d)略偏多 0.5 d，是 1961 年以来第十三个偏多年份。

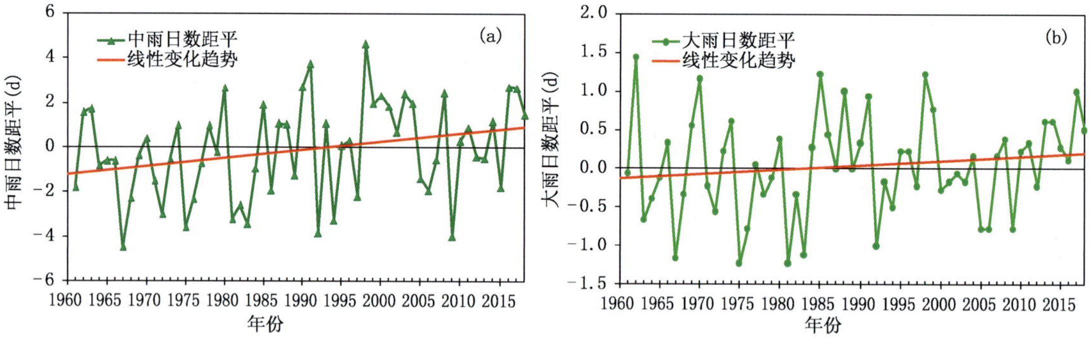

图 2.69　1961—2018 年西藏平均年中雨日数(a)和年大雨日数(b)距平变化

在变化趋势空间分布上，近 58 年(1961—2018 年)78%站点的年中雨日数趋于增多(图 2.70(a))，增幅为 0.01～1.75 d/10a，以波密最大($P<0.001$)；泽当无变化；当雄、江孜和日喀则 3 个站年中雨日数表现为减少趋势，平均每 10 年减少 0.06～0.46 d，其中当雄减幅最大。年大雨日数(图 2.70(b))在 72%的站点上表现为增多趋势，增幅为 0.01～0.43 d/10a，仍以波密最大($P<0.05$)；狮泉河无变化；索县、丁青、泽当和日喀则 4 个站呈减少趋势，为－0.07～－0.21 d/10a，其中丁青减幅最大。

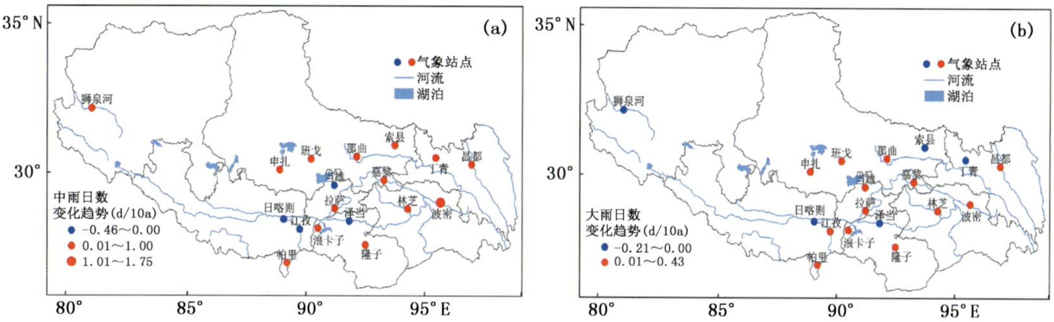

图 2.70　1961—2018 年西藏年中雨日数(a)和年大雨日数(b)变化趋势空间分布

2.2.10　连续干旱日数和连续湿润日数

1961—2018 年，西藏平均年连续干旱日数呈显著减少趋势(图 2.71(a))，平均每 10 年减少 2.56 d($P<0.05$)；平均年连续湿润日数呈弱的增加趋势(图 2.71(b))，增幅为 0.06 d/10a。但近 28 年(1991—2018 年)西藏年连续干旱日数表现为增加趋势，增幅为 6.24 d/10a($P<0.05$)；年连续湿润日数趋于减少，为−0.23 d/10a。

2018 年，西藏平均年连续干旱日数为 126.3 d，较常年值(104.0 d)偏多 22.3 d，为 1962 年以来第八个偏多年份；平均年连续湿润日数为 9.6 d，较常年值(8.6 d)偏多 1.0 d，是 1961 年以来第八个偏多年份。

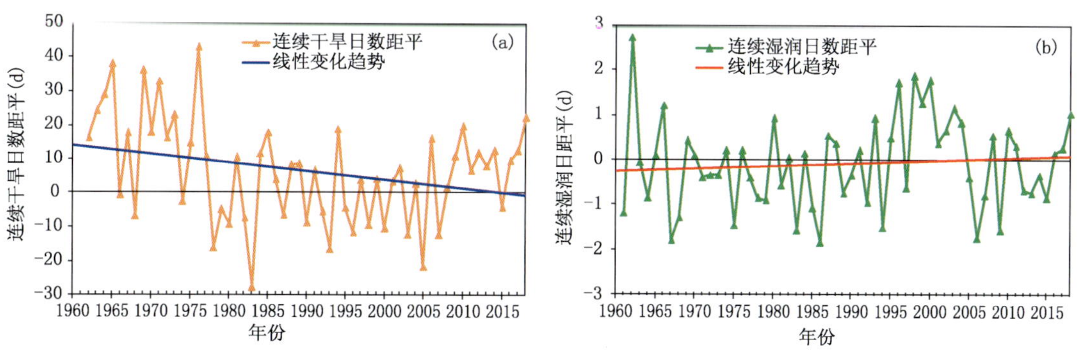

图 2.71　1961—2018 年西藏平均年连续干旱日数(a)和年连续湿润日数(b)距平变化

在变化趋势空间分布上，近 58 年(1961—2018 年)72%的站点年连续干旱日数呈减少趋势(图 2.72(a))，平均每 10 年减少 0.58～8.31 d，以申扎减幅最大($P<0.01$)，其次是当雄，为−5.72 d/10a($P<0.01$)；其余各地均表现为增加趋势，增幅为 0.05～2.14 d/10a，以狮泉河增幅最大。年连续湿润日数(图 2.72(b))在 61%的站点上表现为增加趋势，增幅为 0.01～0.56 d/10a，其中嘉黎增幅最大($P<0.01$)；其他各站均呈现出减少的变化特征，为−0.04～−0.35 d/10a，以帕里减幅最大。而近 28 年(1991—2018 年)相反，有 78%的站点年连续干旱日数趋于增加，增幅为 0.56～18.42 d/10a，以那曲增幅最大，索县次之，为 17.87 d/10a($P<0.01$)；有 56%的站点年连续湿润日数呈减少趋势，为−0.02～−1.69 d/10a，以林芝减幅最大，波密次之，为−1.67 d/10a($P<0.01$)。

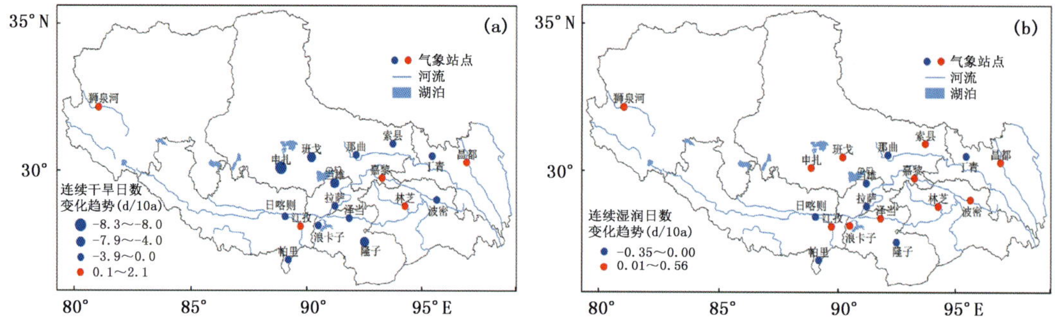

图 2.72　1961—2018 年西藏年连续干旱日数(a)和年连续湿润日数(b)变化趋势空间分布

2.2.11　强降水量和极强降水量

1961—2018 年，西藏平均年强降水量(图 2.73(a))和年极强降水量(图 2.73(b))都表现为增加趋势，增幅分别为 2.48 mm/10a 和 1.03 mm/10a。近 28 年(1991—2018 年)来，西藏平均年强降水量和极强降水量增加趋势更为明显，平均每 10 年分别增加 7.37 mm($P<0.10$)和 4.35 mm($P<0.10$)。

2018 年，西藏平均年强降水量为 104.7 mm，较常年值(87.1 mm)偏多 17.6 mm，为 1961 年以来第十二个偏多年份；平均年极强降水量为 20.0 mm，较常年值(25.1 mm)偏少 5.1 mm，是 1961 年以来第二十一个偏少年份。

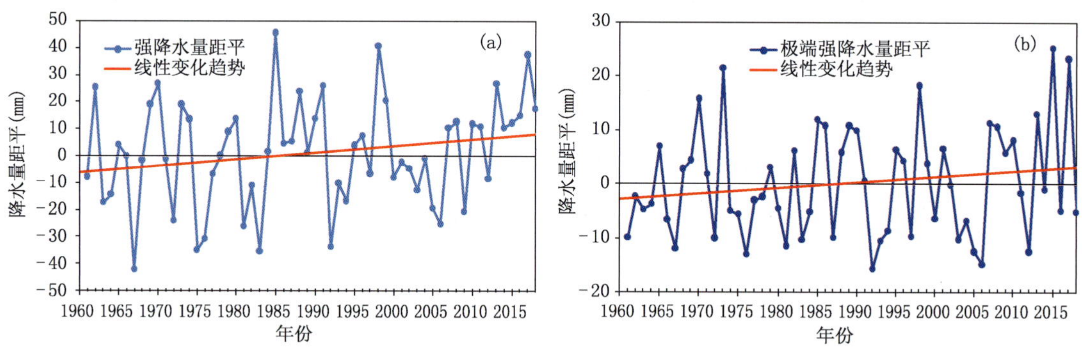

图 2.73　1961—2018 年西藏平均年强降水量(a)和年极强降水量(b)距平变化

从变化趋势空间分布上来看，近 58 年(1961—2018 年)有 78%的站点年强降水量趋于增多(图 2.74(a))，增幅为 0.48～10.80 mm/10a，以波密增幅最大，申扎次之(8.34 mm/10a，$P<0.05$)；丁青、当雄、泽当和日喀则 4 个站呈减少趋势，平均每 10 年减少 1.92～5.59 mm，其中丁青减幅最大。年极强降水量(图 2.74(b))在 67%的站点上表现为增多态势，增幅为 0.14～6.64 mm/10a，以林芝增幅最大($P<0.10$；特别是近 28 年(1991—2018 年)，增幅达 19.88 mm/10a)，拉萨次之(5.28 mm/10a，$P<0.05$)；其他 6 个站均呈现出减少趋势，平均每 10 年减少 0.31～4.44 mm(丁青最大，嘉黎最小)。

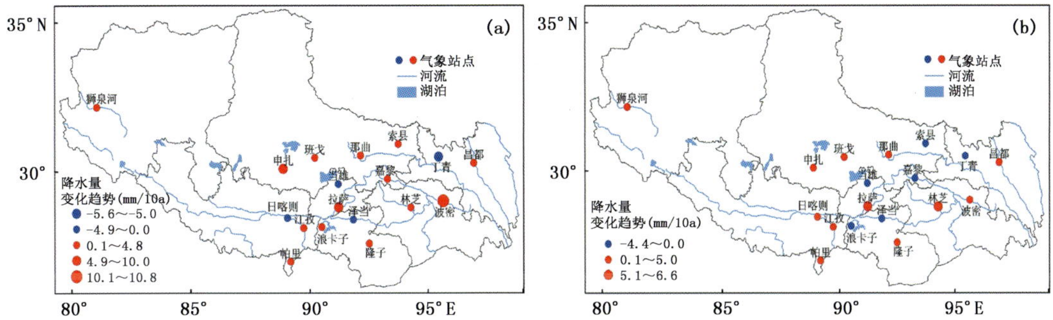

图 2.74　1961—2018 年西藏年强降水量(a)和年极强降水量(b)变化趋势空间分布

2.3　天气现象

2.3.1　霜

1961—2018 年，西藏平均年霜日数呈明显增加趋势(图 2.75)，平均每 10 年增加 5.86 d ($P<0.001$)。20 世纪 60 年代至 80 年代中期霜日数偏少，80 年代后期至 90 年代霜日数偏多，进入 21 世纪后以振荡减少为其年际变化特征。近 28 年(1991—2018 年)年霜日数表现为显著的减少趋势，为－11.05 d/10a($P<0.001$)。

2018 年，西藏平均年霜日数为 87 d，较常年值(124 d)偏少 37 d，为 1975 年以来的最少值年份。

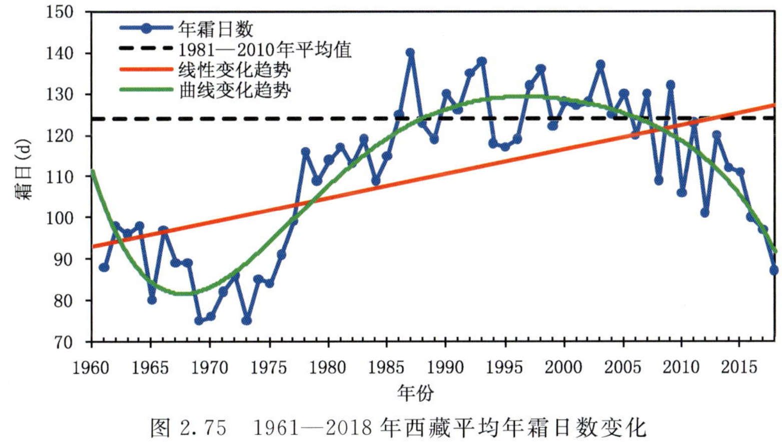

图 2.75　1961—2018 年西藏平均年霜日数变化

从 1961—2018 年西藏年霜日数变化趋势空间分布(图 2.76)来看，狮泉河、班戈、索县、拉萨、日喀则和帕里 6 个站年霜日数均表现为减少趋势，为－0.41～－20.95 d/10a，以拉萨减幅最大($P<0.001$)，班戈次之(－10.38 d/10a，$P<0.001$)，日喀则减幅最小。其他各站年霜日数均呈增加趋势，增幅为 0.65～21.62 d/10a(10 个站 $P<0.05$)，以隆子增幅最大($P<0.001$)，其次是当雄(21.32 d/10a，$P<0.001$)，波密增幅最小。近 28 年(1991—2018 年)，年霜日数仅在申扎、隆子和林芝 3 个站上表现为增加趋势，增幅为 0.97～11.41 d/10a，以申扎增

幅最大($P<0.10$);其他各站均呈减少趋势,为−2.54～−39.12 d/10a,以帕里减幅最大($P<0.001$),日喀则次之,为−24.80 d/10a($P<0.001$),狮泉河减幅最小。

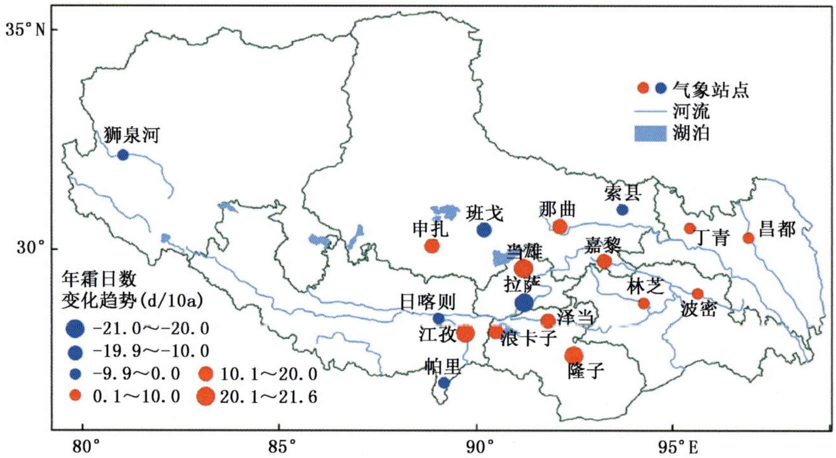

图 2.76　1961—2018 年西藏年霜日数变化趋势空间分布

2.3.2　冰雹

1961—2018 年,西藏平均年冰雹日数呈明显减少趋势(图 2.77),平均每 10 年减少 1.94 d ($P<0.001$),特别是近 28 年(1991—2018 年)减幅更为明显,为−2.98 d/10a($P<0.001$)。20 世纪 60 年代中期至 80 年代初为西藏冰雹高发期,以 70 年代最多;90 年代以来明显减少。

2018 年,西藏平均年冰雹日数为 2.6 d,较常年值(10.3 d)偏少 7.7 d,继续创 1961 年以来的最少值。其中,西藏年冰雹日数最多的地方,发生在那曲,为 14 d,较当地常年值(30 d)偏少 16 d,也创 1961 年以来的最少值。

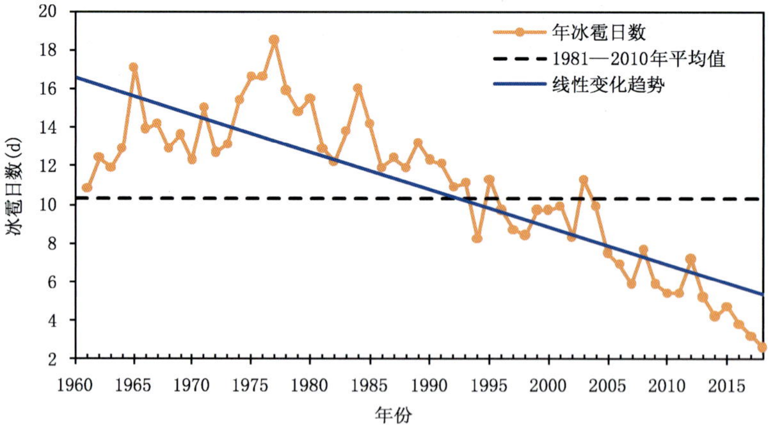

图 2.77　1961—2018 年西藏平均年冰雹日数变化

从近 58 年(1961—2018 年)西藏年冰雹日数变化趋势空间分布(图 2.78)来看,各站年冰雹日数均表现为减少趋势,为−0.19～−5.16 d/10a,以申扎减幅最大($P<0.001$),浪卡子次之(−4.05 d/10a,$P<0.001$),波密减幅最小。近 28 年(1991—2018 年)大部分站点年冰雹日

数减少趋势更为明显，其中班戈为－11.35 d/10a($P<0.001$)，申扎为－9.12 d/10a($P<0.001$)。

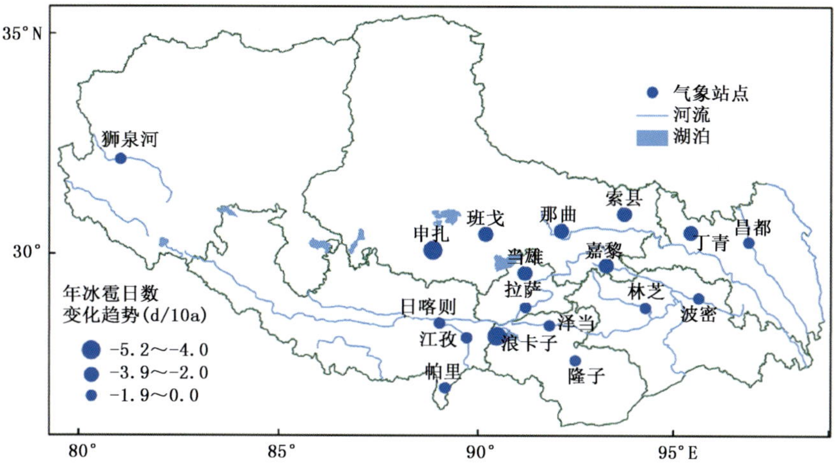

图 2.78　1961—2018 年西藏年冰雹日数变化趋势空间分布

2.3.3　大风

1965—2018 年，西藏平均年大风日数呈明显减少趋势(图 2.79)，平均每 10 年减少 9.32 d($P<0.001$)。20 世纪 60 年代中后期至 80 年代为西藏大风多发期，90 年代以来明显减少。

2018 年，西藏平均年大风日数为 32 d，较常年值(46 d)偏少 14 d，为 1965 年以来并列第六个偏少年份。

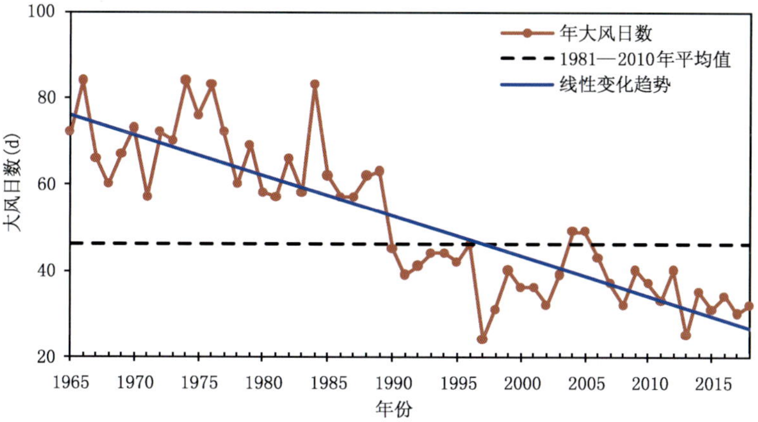

图 2.79　1965—2018 年西藏平均年大风日数变化

根据近 53 年(1965—2018 年)西藏年大风日数变化趋势空间分布(图 2.80)来看，年大风日数在班戈、申扎、索县和帕里 4 个站上均表现为增加趋势，增幅为 1.53～9.52 d/10a，其中索县增幅最大($P<0.001$)，帕里次之(5.56 d/10a，$P<0.01$)，申扎增幅最小(但近 28 年(1991—2018 年)大风日数增幅明显，为 14.18 d/10a，$P<0.01$)；其他各站年大风日数均呈减少趋势，平均每 10 年减少 0.28～29.92 d，以狮泉河减幅最大($P<0.001$)，其次是泽当(－28.06 d/

10a，P<0.001)，波密减幅最小。

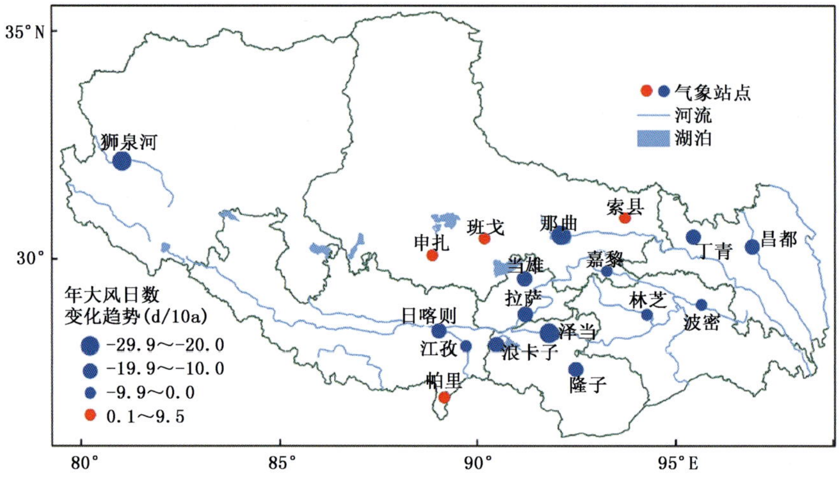

图 2.80　1965—2018 年西藏年大风日数变化趋势空间分布

2.3.4　沙尘暴

1961—2018 年，西藏平均年沙尘暴日数呈显著减少趋势(图 2.81)，平均每 10 年减少 1.25 d(P<0.001)。20 世纪 70 年代中期至 80 年代初为沙尘暴频发期，90 年代初以后明显减少，尤其是 2004 年以来减少的更为明显，最多有 1～2 d，其中 2014—2018 年连续 5 年没有出现过沙尘暴。

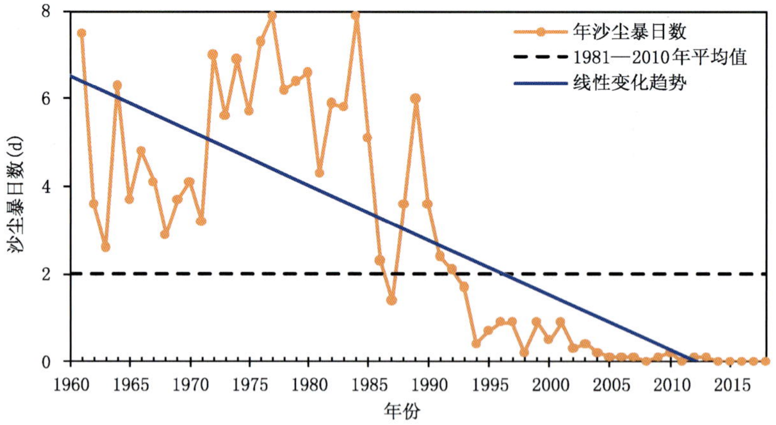

图 2.81　1961—2018 年西藏平均年沙尘暴日数变化

从西藏年沙尘暴日数变化趋势空间分布(图 2.82)来看，近 58 年(1961—2018 年)各站均表现为减少趋势，其中林芝市、那曲市东部和丁青等地减幅较小，不足 0.10 d/10a；其他各站平均每 10 年减少 0.21～4.29 d，以申扎减幅最大(P<0.001)，泽当次之(−4.22 d/10a，P<0.01)，帕里减幅最小。

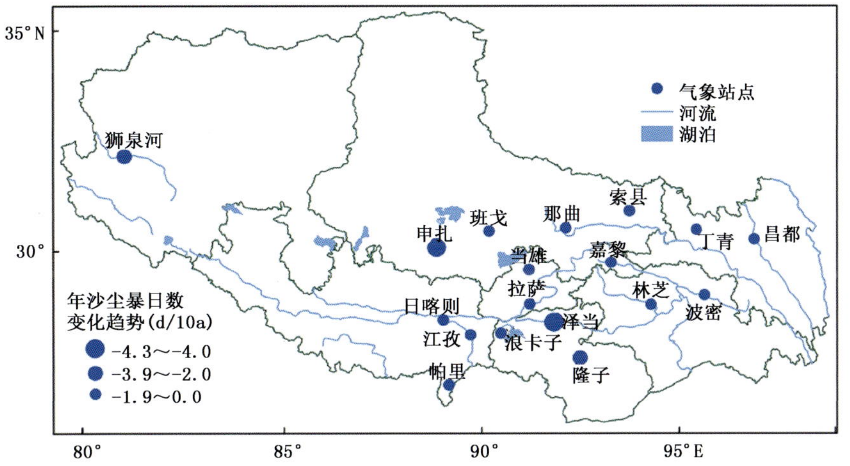

图 2.82 1961—2018 年西藏年沙尘暴日数变化趋势空间分布

第3章 西藏自治区冰冻圈的变化

冰冻圈是指水分以冻结状态（雪和冰）存在的地球表层的一部分，它由雪盖、冰盖、冰川、多年冻土及浮冰（海冰、湖冰和河冰）组成。冰冻圈以高反照率、高冷储、巨大相变潜热、强大的冷水大洋驱动，以及显著的温室气体源汇作用而对全球和区域气候系统施加着强烈的反馈作用，是气候系统五大圈层之一。

冰冻圈由于对气候的高度敏感性和重要的反馈作用，是影响全球和区域气候变化的重要因子，也是对全球气候变化最为敏感的一个圈层。青藏高原是中国冰冻圈分布最广的区域，冰冻圈面积达 $160\times10^4 km^2$，占中国冰冻圈总面积的 70%。受气候变化和人类活动的影响，冰冻圈变化的气候效应、环境效应、资源效应、生态效应、灾害效应和社会效应日趋显著，对未来生态与环境安全和社会经济发展等将产生广泛和深刻的影响（姚檀栋 等，2013）。本章从西藏自治区冰川、积雪和冻土的监测出发，揭示了冰冻圈气候变化的观测事实，对综合分析冰冻圈主要成员变化的强度、模式和速率及其影响具有重要意义。

3.1 冰川

以青藏高原为中心的冰川群是中国乃至整个高原亚洲冰川的核心。根据第一次中国冰川编目资料统计（蒲健辰 等，2004），青藏高原中国境内有现代冰川 36 793 条，冰川面积为 49 873.44 km^2，冰储量约为 4 561.3857 km^3，分别占中国冰川总条数的 79.5%、冰川总面积的 84.0%和冰储量的 81.6%。这些冰川大多集中分布在高原南缘的喜马拉雅山、西部的喀喇昆仑山和北部的昆仑山西段等山系。由于全球变暖，青藏高原冰川自 20 世纪 90 年代以来呈全面、加速退缩趋势（姚檀栋 等，2004，2007；施雅风 等，2006；陈锋 等，2009；Yao et al，2012）。

3.1.1 古里雅冰川

古里雅冰川位于青藏高原西北边缘的西昆仑山，界于西藏自治区和新疆维吾尔自治区，大部分冰盖位于西藏自治区境内，是目前在中低纬度发现的最高、最大、最厚和最冷的冰帽。该冰帽总面积可达 376.05 km^2，平均厚度约为 200 m（姚檀栋 等，1992）。该冰帽是一个极地型冰川，不仅冰温、冰川性质与极地冰相近，而且冰面气候环境特征也同极地冰盖一样具有明显的空间变化特征。古里雅冰帽还是迄今在中国发现的最稳定的冰川。

本公报根据 1977 年、1997 年、2001 年、2007 年和 2018 年 5 年的 LANDSAT/TM 遥感数据分析发现，近 42 年（1977—2018 年）古里雅冰川呈退缩趋势，其面积由 1977 年的 138.52 km^2 退缩至 2018 年的 137.18 km^2，冰川面积减少 1.34 km^2。其中，西藏境内的古里雅冰川 5 年（1977 年、1997 年、2001 年、2007 年和 2018 年）平均面积为 113.14 km^2，1977 年冰

川面积为 114.97 km²,1997 年和 2001 年冰川面积相差不大,分别为 112.39 km² 和 112.43 km²;2007 年冰川面积稍有增大,为 113.12 km²;2018 年冰川面积为 112.79 km²,与 1977 年比较,冰川面积减少了 2.18 km²,减少率为 1.90%(图 3.1)。

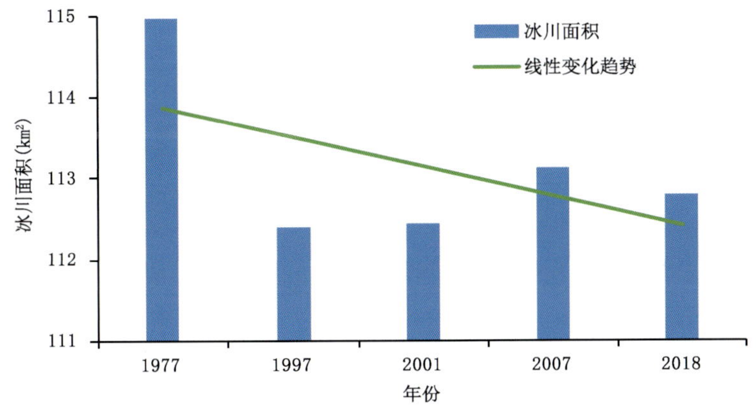

图 3.1 1977—2018 年西藏境内古里雅冰川面积变化

如图 3.2 所示,古里雅冰川空间变化显示,西南角冰川末端退缩明显,东部区域稍有变化,其余地方变化不大,整体上近 42 年(1977—2018 年)古里雅冰川面积较稳定。

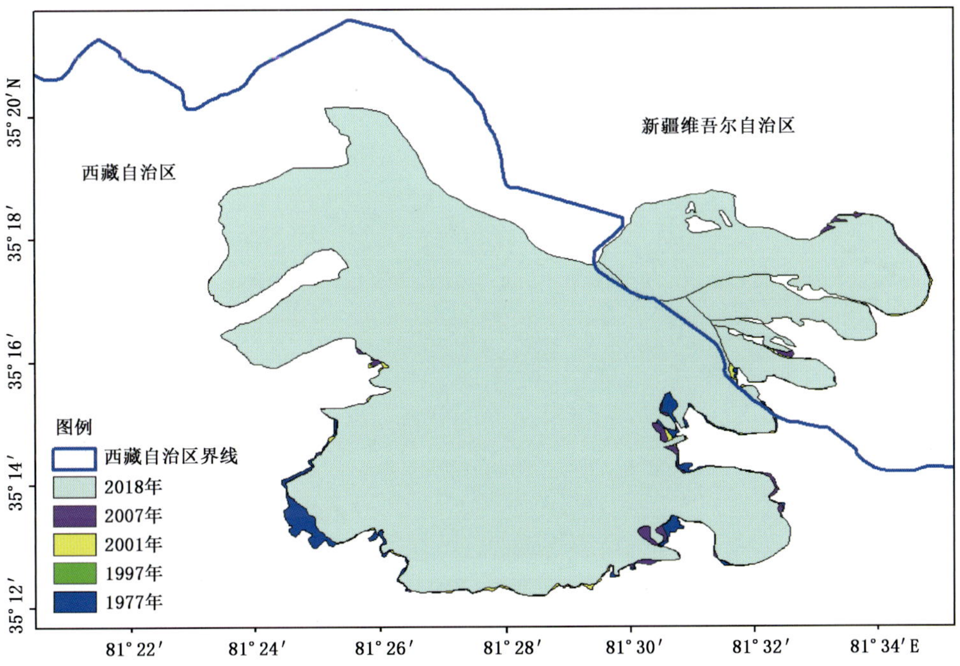

图 3.2 1977—2018 年古里雅冰川空间变化

3.1.2 普若岗日冰川

普若岗日冰川位于西藏那曲市，是藏北高原最大的由数个冰帽型冰川组合成的大冰原。冰川分布范围介于33°44′～34°04′N，89°20′～89°50′E之间，覆盖总面积为422.58 km²，冰储量为52.5153 km³，冰川雪线海拔5 620～5 860 m，是世界上最大的中低纬度冰川，也被确认为世界上除南极、北极以外最大的冰川。蒲健辰等(2002)研究发现，小冰期以来普若岗日冰川呈退缩趋势，在普若岗日西侧，小冰期后期至20世纪70年代，冰川退缩了20 m；70年代至90年代末，冰川退缩了40～50 m；平均1.5～1.9 m/a；1999年9月至2000年10月，退缩了45 m。井哲帆等(2003)认为，普若岗日冰原5Z611A6号冰舌末端自1974年1月至2000年10月处于退缩状态，但是退缩幅度不大，约为50 m，27年(1974—2000年)平均每年的退缩量约为1.92 m。拉巴等(2016)采用卫星影像人工数字化方法计算了2013年普若岗日冰川面积为400.68 km²，与中国冰川编目中给出的20世纪80年代普若岗日冰川面积对比发现，冰川面积减少了21.29 km²。

本公报根据1973—2018年卫星遥感监测资料分析表明(图3.3)，普若岗日冰川面积整体呈明显减少趋势，近46年(1973—2018年)冰川面积减少了78.47 km²，平均每年减少1.71 km²。其中，1973—1999年减少了58.88 km²，平均每年减少了2.18 km²；2016年冰川面积降至389.0 km²，为近46年最低值，较1973年减少了17.9%。2018年，冰川面积为395.46 km²，较1973年减少了16.6%；较2017年略有增加，为1.46 km²。冰川北部变化最大，其次为东南，西部最小(图3.4)。

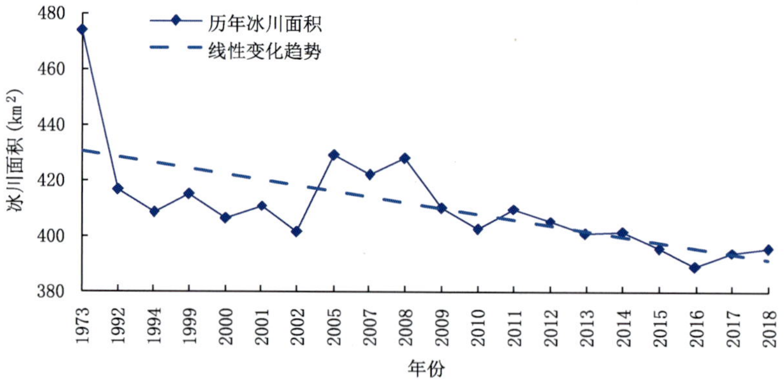

图3.3 1973—2018年普若岗日冰川面积变化

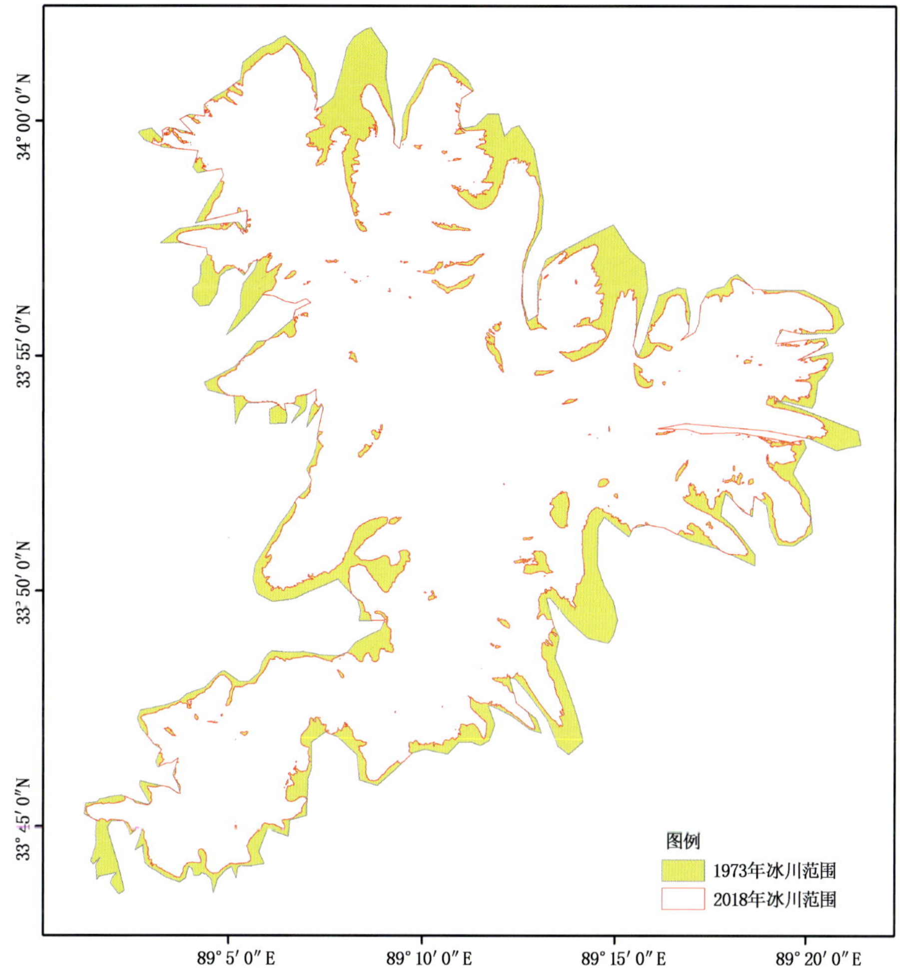

图 3.4　2018 年与 1973 年普若岗日冰川面积的对比

3.1.3　申扎杰岗日冰川

申扎杰岗日冰川(30°29′～30°53′ N,88°25′～88°42′ E)位于西藏自治区申扎县西南部,最高峰甲岗峰海拔 6 444 m,共有冰川 133 条,面积约 87 km²,其中以悬冰川数量最多,共 106 条,面积 38 km²,较大的冰川为甲岗峰南的扎嘎冰川,朝向东,长 3.6 km,面积 3.47 km²,末端海拔 5 380 m,粒雪线海拔 5700 m,岗清万弄冰川是该山最大的冰川,长 4.1 km,面积 4.26 km²,冰舌末端 5 630 m,冰川融水哺育了申扎河两岸大片的沼泽,汇入格仁错。

本公报通过分析冰川区 1976—2018 年 LANDSAT 数据,结果显示,近 43 年(1976—2018 年)申扎杰岗日冰川表现为退缩趋势(图 3.5),冰川面积从 1976 年的 118.0 km² 减少到 2018 年的 72.2 km²,退缩了 45.8 km²,退缩率达 38.81%,以 21 世纪后冰川退缩较为明显。

从申扎杰岗日冰川空间的变化来看(图 3.6),山脉西坡方向上的冰川退缩较明显,以及其南部零碎冰川也有明显地减少现象。

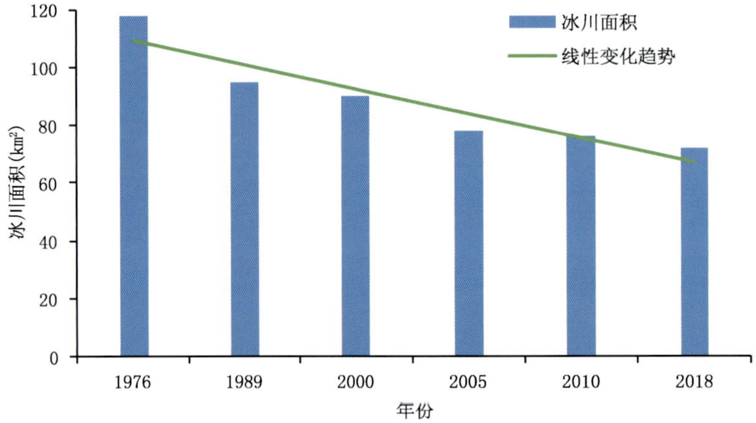

图 3.5　1976—2018 年申扎杰岗日冰川面积变化

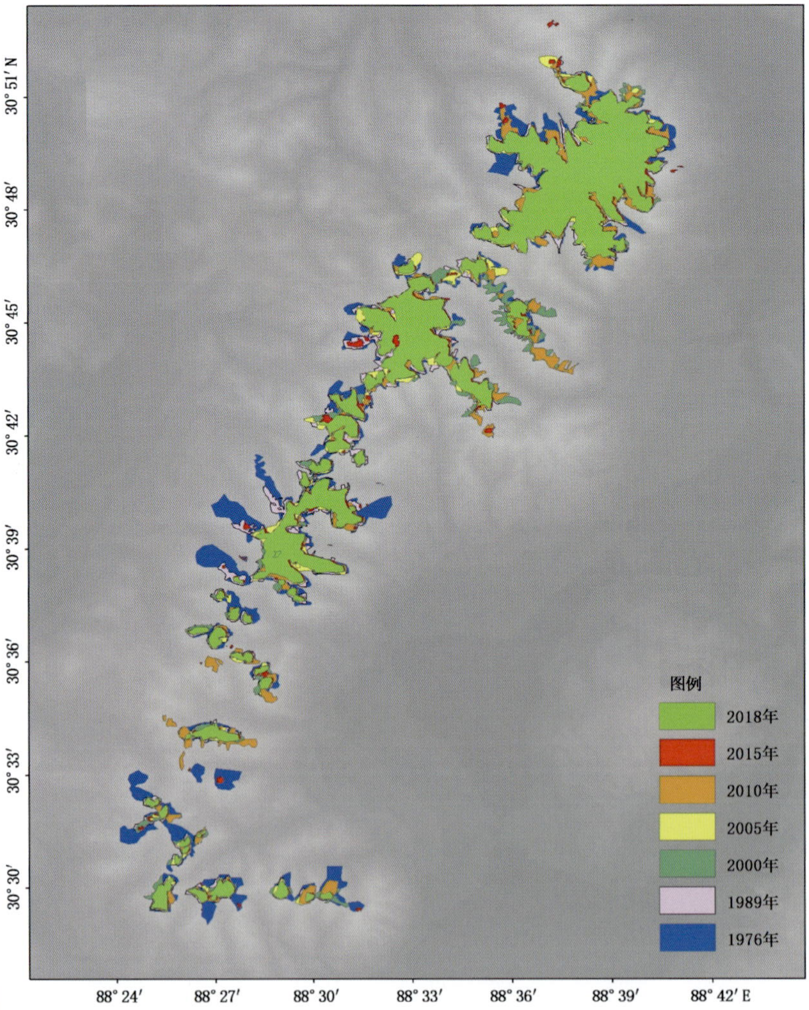

图 3.6　1976—2018 年申扎杰岗日冰川空间变化

3.1.4　杰马央宗冰川

杰马央宗冰川(30°11′～30°15′N,82°07′～82°14′E)位于青藏高原西南部边缘的喜马拉雅山中西段交界处,西藏日喀则市仲巴县境内,是西藏母亲河——雅鲁藏布江的正源,冰川海拔5 590 m。刘晓尘等(2011)2010年10月现场实测得到冰川长8.2 km,面积20.67 km^2,垭口海拔5 750 m,末端海拔5 035 m。分析发现1974—2010年,杰马央宗冰川面积减少了5.10%(由21.78 km^2 减少至20.67 km^2),冰川末端退缩了768 m(21 m/a),自2000年开始末端退缩速度明显加快;冰湖面积增加了63.7%(由0.70 km^2 增加至1.14 km^2),冰湖体积扩大约9.8 $\times10^6$ m^3。

本公报利用LANDSAT系列数据分析了杰马央宗冰川变化情况,结果表明,近43年(1976—2018年)冰川平均面积为21.76 km^2,呈明显退缩趋势(图3.7,图3.8(a)),冰川面积从1976年的22.98 km^2 减少到2018年的21.39 km^2,共减少了1.59 km^2,减少率为6.92%;2006年之后面积持续减少,其中2016年冰川面积降至最低。从图3.8(b)可见,冰川末端的冰湖明显增大,冰湖面积从1976年的0.71 km^2 增大至2018年的1.20 km^2,43年面积增大了0.49 km^2,年平均变化速率为1.60%,2006年之后冰湖面积均大于平均值。冰湖面积增加也佐证了该冰川退缩明显。

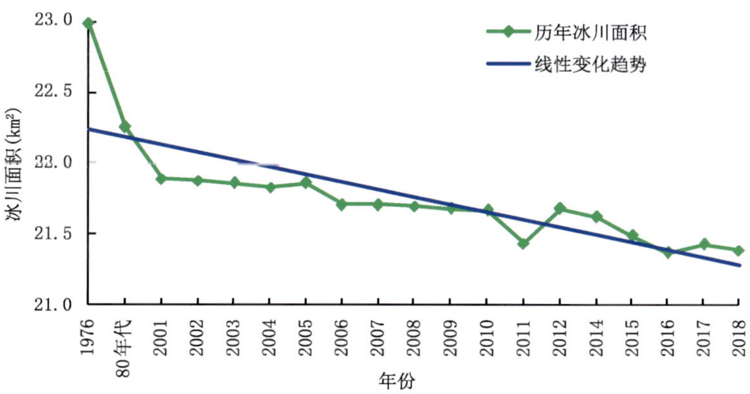

图3.7　1976—2018年杰马央宗冰川面积变化

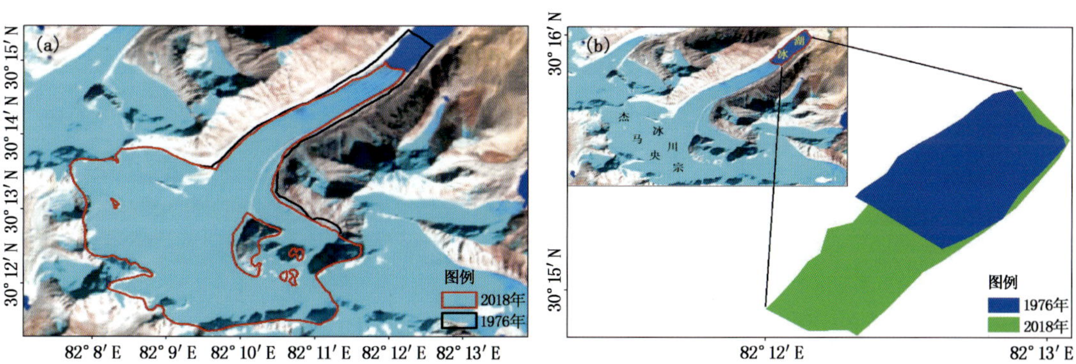

图3.8　1976—2018年杰马央宗冰川(a)及末端冰湖(b)空间变化

3.1.5 什磨冰川、什俄冰川及曾冰川

什磨冰川、什俄冰川及曾冰川位于西藏自治区康马县南部边境喜马拉雅山脉，位于28.16°N，90.06°E，如图 3.9 所示。

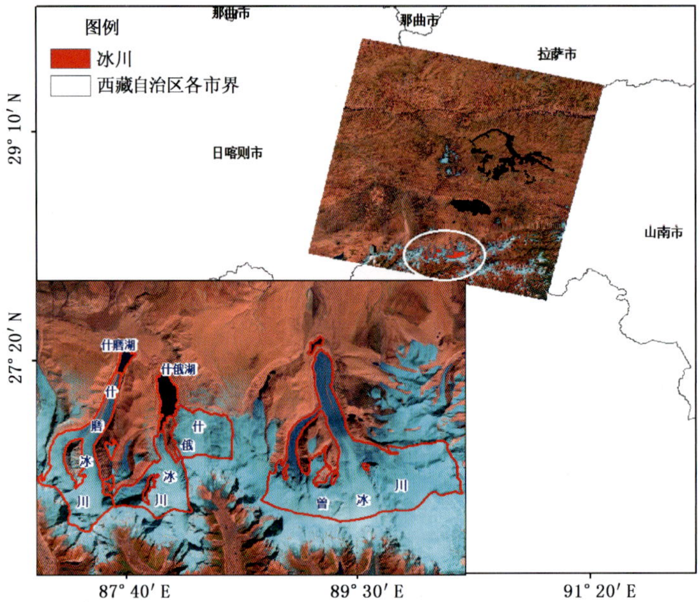

图 3.9　什磨冰川、什俄冰川和曾冰川地理位置示意图

本公报利用多源卫星遥感资料分析，结果显示，1976—2018 年什磨冰川、什俄冰川和曾冰川平均面积分别为 32.19 km²、37.87 km² 和 85.52 km²，近 43 年(1976—2018 年)三个冰川面积均呈退缩趋势(图 3.10)。其中，什磨冰川面积从 1976 年的 33.05 km² 减少到 2018 年的 31.42 km²，减少 1.63 km²，减少率为 4.93%；什俄冰川面积从 1976 年的 38.42 km² 缩减至 2018 年的 37.11 km²，减少 1.31 km²，减少率为 3.41%；曾冰川面积由 1976 年的 87.11 km² 退缩至 2018 年的 84.51 km²，减少 2.60 km²，减少率为 2.98%。

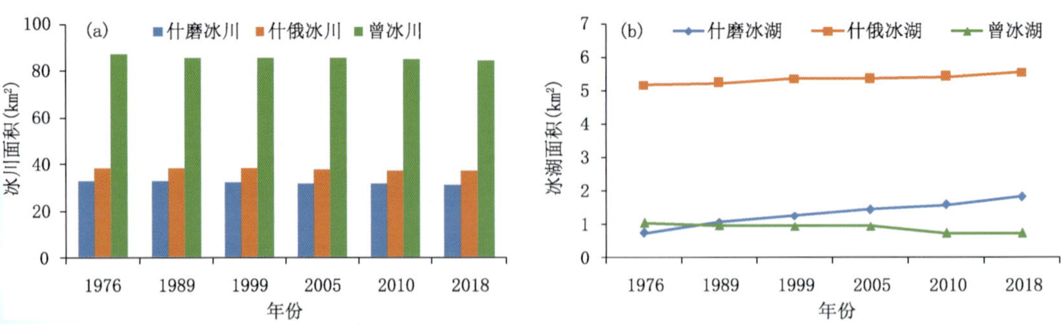

图 3.10　1976—2018 年什磨冰川、什俄冰川及曾冰川面积(a)与冰湖面积(b)变化

近 43 年(1976—2018 年)什磨冰川和什俄冰川末端面积明显退缩，其冰湖面积有所扩张(图 3.11 中的 A 和 B)；而曾冰川宽度有缩小的现象，末端面积略有退缩，其冰湖面积变化较稳

定(图 3.12)。通过对冰湖面积的统计分析,什磨冰湖(冰湖 A)和什俄冰湖(冰湖 B)平均面积分别为 1.31 km^2 和 5.35 km^2,其中什磨冰湖面积从 1976 年的 0.73 km^2 增加到 2018 年的 1.82 km^2,43 年冰湖面积增加 1.09 km^2;什俄冰湖面积从 1976 年的 5.17 km^2 增加到 2018 年的 5.55 km^2,43 年冰湖面积增加 0.38 km^2;曾冰湖平均面积为 0.89 km^2,冰湖面积从 1976 年的 1.04 km^2 减少到 2018 年的 0.74 km^2,43 年冰湖面积减少 0.3 km^2。

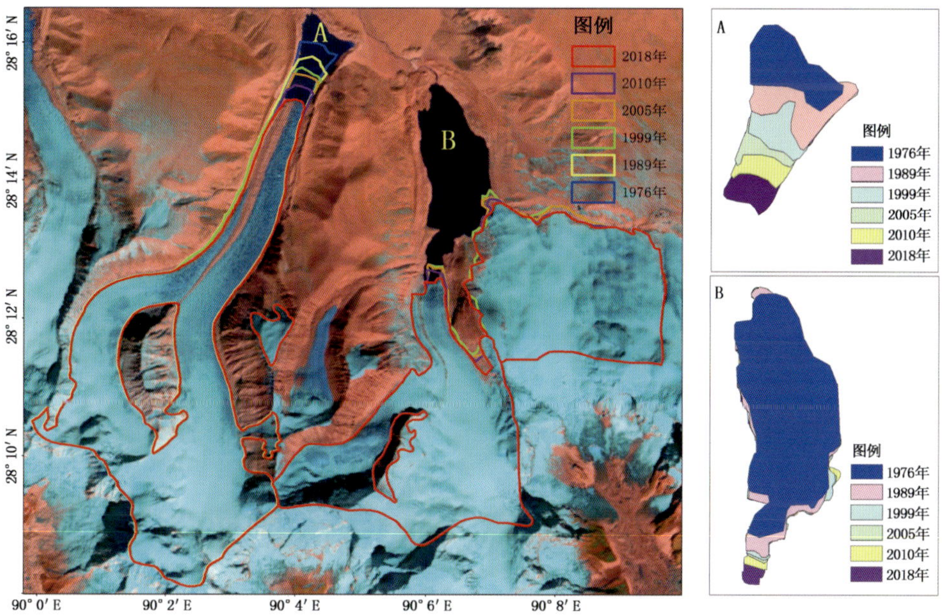

图 3.11 1976—2018 年什磨(A)、什俄冰川(B)及末端冰湖空间变化

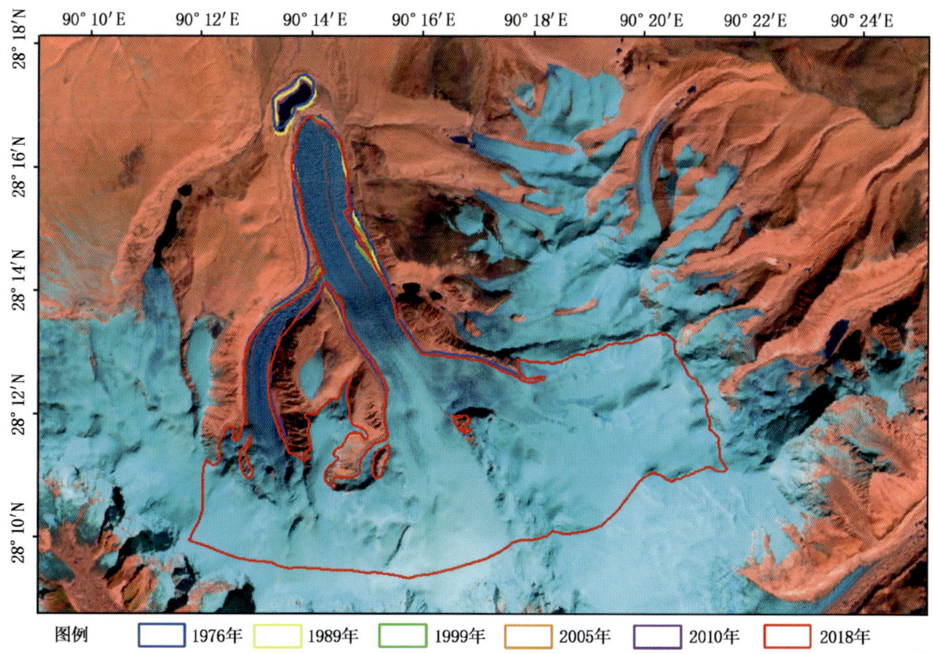

图 3.12 1976—2018 年曾冰川及末端冰湖空间变化

3.1.6 米堆冰川

中国的海洋型冰川主要分布在横断山、喜马拉雅山东段和南坡以及念青唐古拉山的东段和中段，约占我国现代冰川总条数的18.6%和总面积的22.2%(Su et al,2002)。由于海洋性冰川受印度季风影响强烈，具有高积累、高消融特征，小幅的气候变化会引起冰川大幅度的后退或前进，所以它又是气候变化的敏感指示器(康尔泗，1996；Zhang et al,1998；施雅风 等，2000；Houghton et al,2001；Solomon et al,2007；Wagnon et al,2007；Fujita 2008)，自小冰期最盛期以来，我国海洋型冰川的面积已经减少了相当于现代冰川面积的30%(Su et al,2002)。

波密县位于西藏自治区东南部，境内海洋型冰川发育极好，有著名的卡钦、则普、若果、古乡、米堆等冰川。根据中国冰川编目的记录(米德生 等，2002)，本区共发育有1 320条冰川，面积为2 655.2 km^2，其中有面积最大的来古冰川和冰川末端延伸较低的阿扎冰川。杨威等(2008)研究发现，从20世纪70年代以来，本区冰川经历了严重的物质损耗与退缩。南坡的阿扎冰川冰舌末端由于表面强烈消融而形成长约6 km的表碛覆盖区，冰川末端呈现出加速退缩的态势。北坡的四条冰川物质平衡观测数据显示，2006年5月至2007年5月冰川表面出现较大亏损，冰川退缩了15～19 m。

本公报利用LANDSAT系列高分辨率遥感影像资料，分析了西藏波密县米堆冰川面积变化，结果显示，近35年(1984—2018年)米堆冰川面积总体呈减少趋势(图3.13)，冰川面积从1984年的29.39 km^2减少到2018年的28.75 km^2，共减少了0.64 km^2，平均年变化率为−1.83%。具体表现为，1984—1999年冰川面积明显减少，年平均变化率为−1.94%；2005—2018年冰川面积减少更明显，平均年变化率为−2.93%。冰川面积空间变化显示(图3.14)，冰川末端及尾部边缘区退缩最明显。1984—2018年期间冰碛物面积呈增加趋势(图3.15)，冰碛物面积从1984年的0.93 km^2增加至2018年的2.32 km^2，共增长了1.39 km^2，年平均变化率为3.97%。冰碛物增长，说明冰川消融加快。

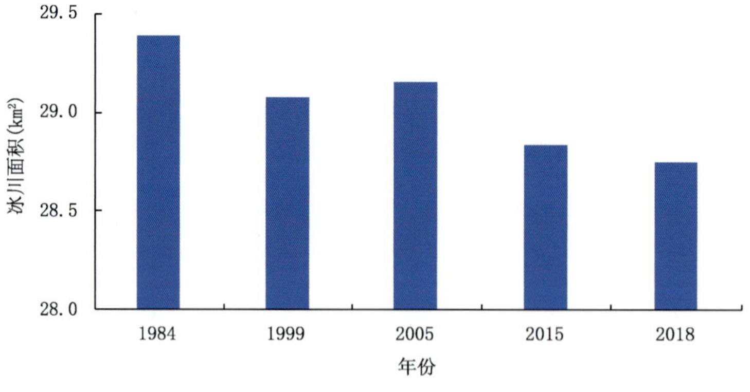

图3.13 1984—2018年米堆冰川面积变化

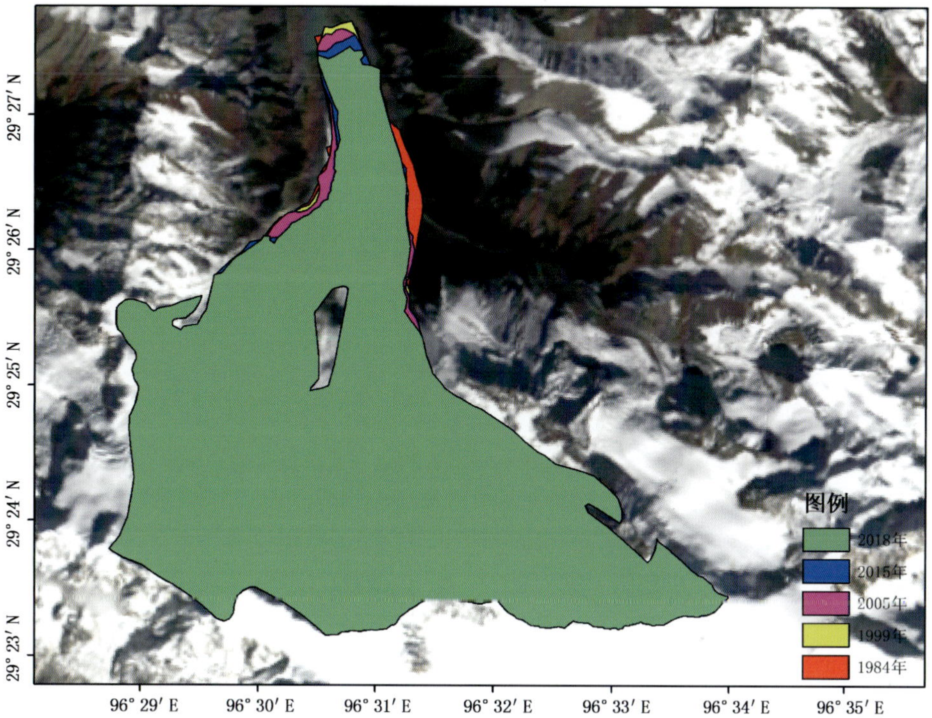

图 3.14　1984—2018 年米堆冰川面积空间变化

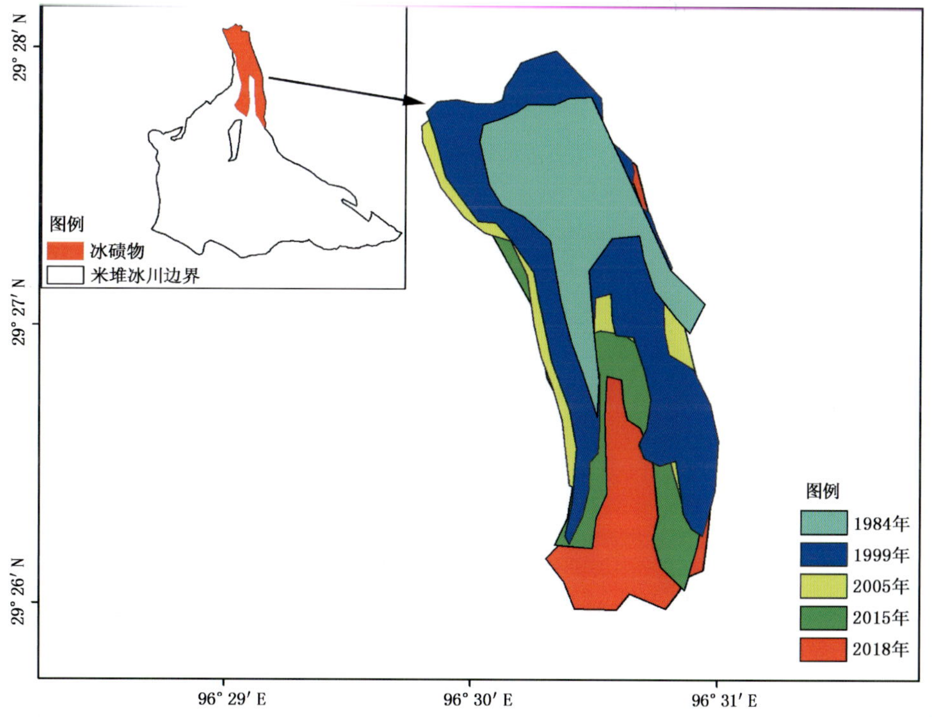

图 3.15　1984—2018 年米堆冰川冰碛物空间变化

3.2 积雪

全球气候变暖大背景下，作为冰冻圈最为活跃和敏感因子，青藏高原积雪变化备受国内外关注。作为“世界第三极”，青藏高原地处北半球中纬度地区，平均海拔 4 000 m 以上，是北半球中纬度海拔最高、积雪覆盖最大的地区，成为仅次于南、北两极的全球冰冻圈所在地（Yao et al,2012）。青藏高原、蒙古高原、欧洲阿尔卑斯山脉及北美中西部是北半球积雪分布关键区，其中青藏高原是北半球积雪异常变化最强烈的区域（李栋梁 等，2011）。

姚檀栋等（2013）分析认为，过去 50 年，青藏高原积雪面积总体呈减少趋势，但 20 世纪 80 至 90 年代略有增加。除多等（2018）分析认为，2000—2014 年西藏高原积雪面积呈现微弱减少态势，其中秋、冬两季积雪面积略显上升趋势，春季略有减少，夏季减少趋势显著。王叶堂等（2007）发现，青藏高原积雪面积总体上表现出冬春季减少，夏秋季增加的趋势。年平均积雪深度在 20 世纪 90 年代中期以前为上升趋势，20 世纪 90 年代中后期开始由持续增长转为下降（韦志刚 等，2002；马丽娟 等，2012）；白淑英等（2014）通过对被动微波遥感反演的雪深数据分析发现，1979—2010 年青藏高原雪深呈显著增加趋势，且以冬季增加最为明显。积雪日数在 20 世纪 60 年代至 90 年代中后期是增加的，之后迅速减少（徐丽娇 等，2010）；近 30 年（1981—2010 年）出现了非常显著的减少趋势，其中冬季减幅最为明显，其次是春季（除多 等，2015）。

3.2.1 积雪日数

根据积雪监测表明，近 38 年（1981—2018 年）西藏平均年积雪日数呈明显减少趋势（图 3.16(a)），平均每 10 年减少 5.06 d（$P<0.001$）。其中，藏北地区减少幅度较为明显（图 3.16(b)），为−9.66 d/10a（$P<0.001$）；南部边缘地区也趋于减少（图 3.16(c)），为−8.99 d/10a（$P<0.01$）。西藏 20 世纪 80 年代至 90 年代中后期积雪日数偏多，之后至今处于偏少期。

2018 年，西藏平均年积雪日数为 21.1 d，比常年值（29.0 d）偏少 7.9 d，是 1981 年以来第十个偏少年份。其中，藏北地区平均年积雪日数为 32.4 d，比常年值（51.3 d）偏少 18.9 d，是 1981 年以来第八个偏少年份。南部边缘地区平均年积雪日数为 54.3 d，比常年值（77.0 d）偏少 22.7 d，为 1981 年以来第六个偏少年份。

从 1981—2018 年西藏年积雪日数变化趋势空间分布来看（图 3.17），所有站年积雪日数都表现为减少趋势，平均每 10 年减少 0.13～15.67 d（25 个站 $P<0.05$），减幅以安多最大（$P<0.001$），其次是索县，为−15.54 d/10a（$P<0.001$），拉孜最小。其中，那曲市大部、丁青和聂拉木等地平均每 10 年减少了 10.0 d 以上。

3.2.2 最大积雪深度

根据积雪监测表明，近 38 年（1981—2018 年）西藏平均年最大积雪深度呈减小趋势（图 3.18(a)），平均每 10 年减小 0.45 cm（未通过显著性检验水平）。其中，南部边缘地区减幅相对较大（图 3.18(b)），为−1.14 cm/10a（未通过显著性检验水平）；藏北地区也呈减小趋势（图 3.18(c)），为−0.59 cm/10a（$P<0.10$）。

2018 年，西藏平均最大年积雪深度为 8.1 cm，与常年值持平（8.1 cm）。其中，藏北地区平均最大年积雪深度为 7.3 cm，较常年值（8.6 cm）偏浅 1.3 cm，为 1981 年以来第十个偏浅年

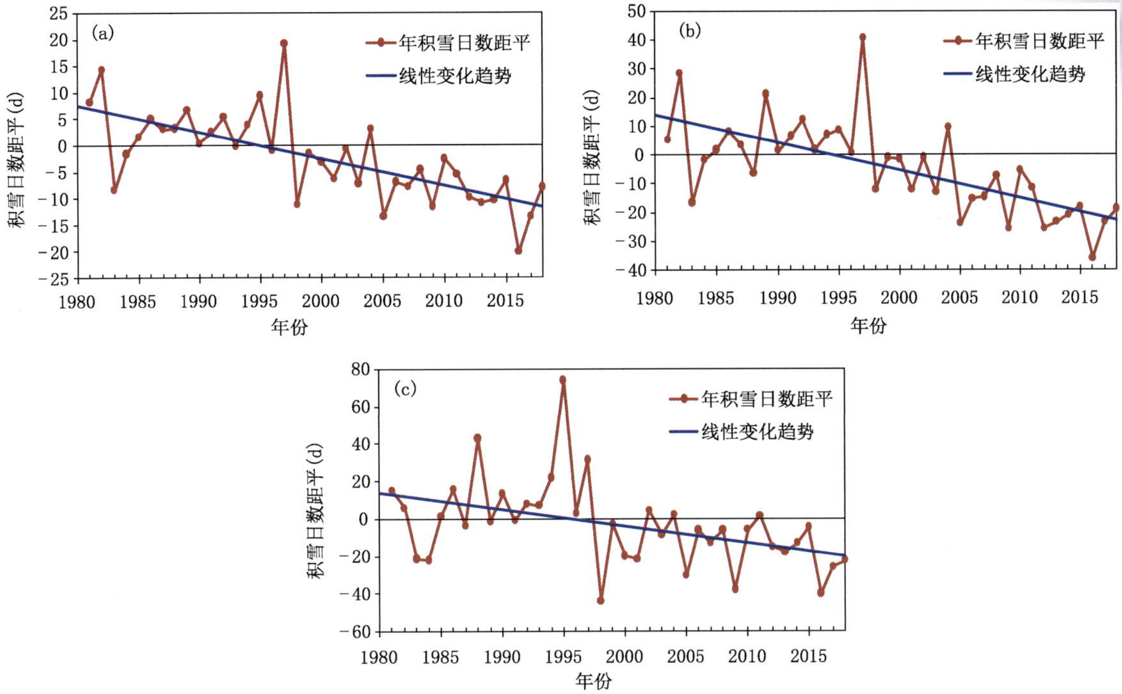

图 3.16　1961—2018 年西藏平均年积雪日数距平变化

(a)全自治区,(b)藏北地区,(c)南部边缘地区

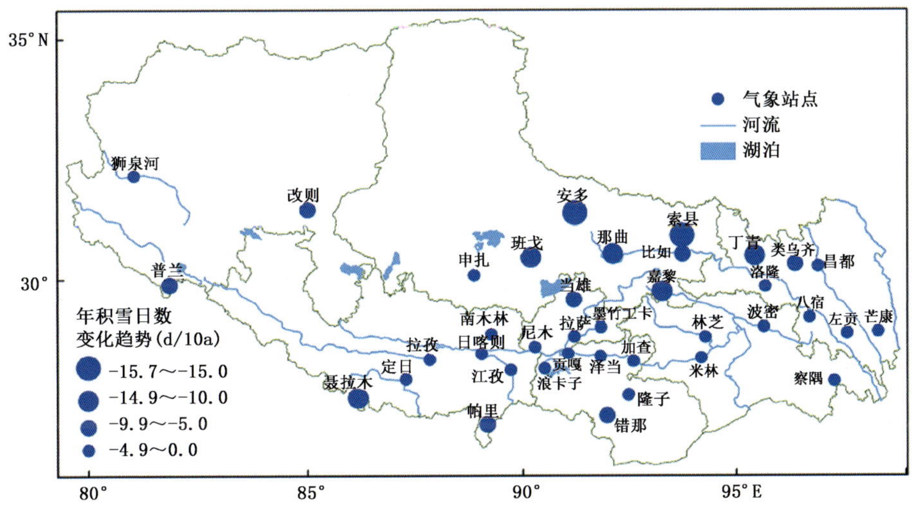

图 3.17　1981—2018 年西藏年积雪日数变化趋势空间分布

份。南部边缘地区平均最大年积雪深度为 27.3 cm,较常年值(35.2 cm)偏浅 7.9 cm,为 1981 年以来第十三个偏浅年份。

图 3.19 给出了 1981—2018 年西藏年最大积雪深度变化趋势空间分布情况,结果显示,年最大积雪深度趋于增加的地方分布在阿里地区南部、日喀则市大部、贡嘎、错那、隆子、墨竹工卡、丁青和左贡等地,平均每 10 年增加 0.03～1.63 cm(未通过显著性检验),以错那最大,其

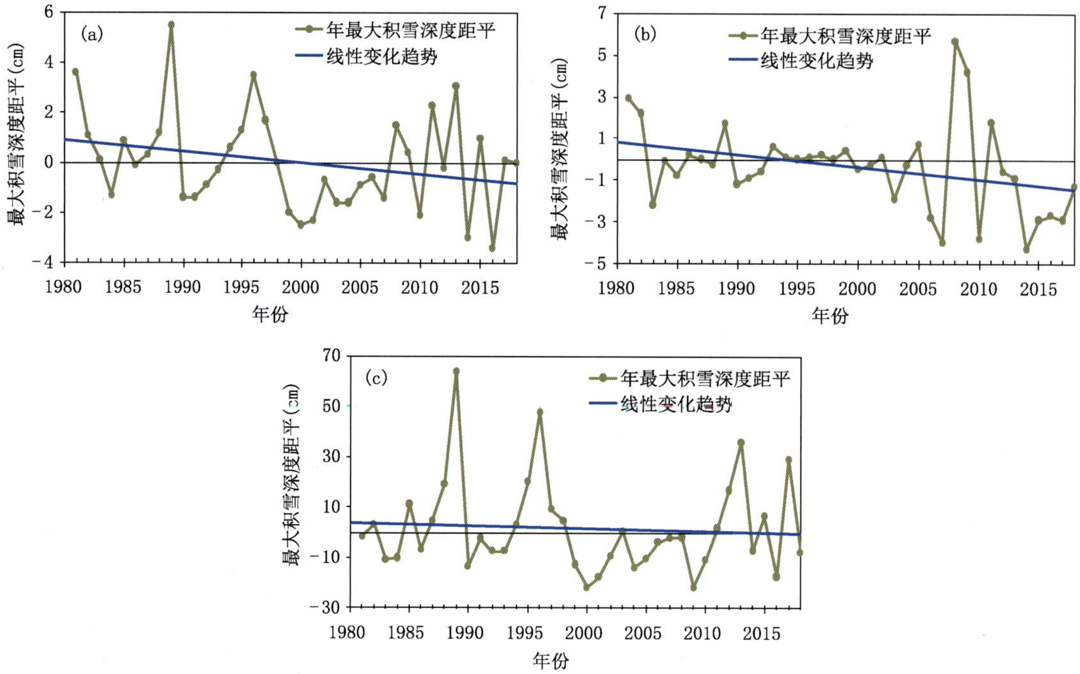

图 3.18 1981—2018 年西藏年最大积雪深度距平变化
(a)全自治区,(b)藏北地区,(c)南部边缘地区

次是帕里(1.32 cm/10a),丁青最小。其他各站年最大积雪深度均呈减小趋势,为−0.01～−6.38 cm/10a,其中聂拉木减幅最大(未通过显著性检验),波密次之(−2.03 cm/10a,$P<0.05$),索县减幅最小。

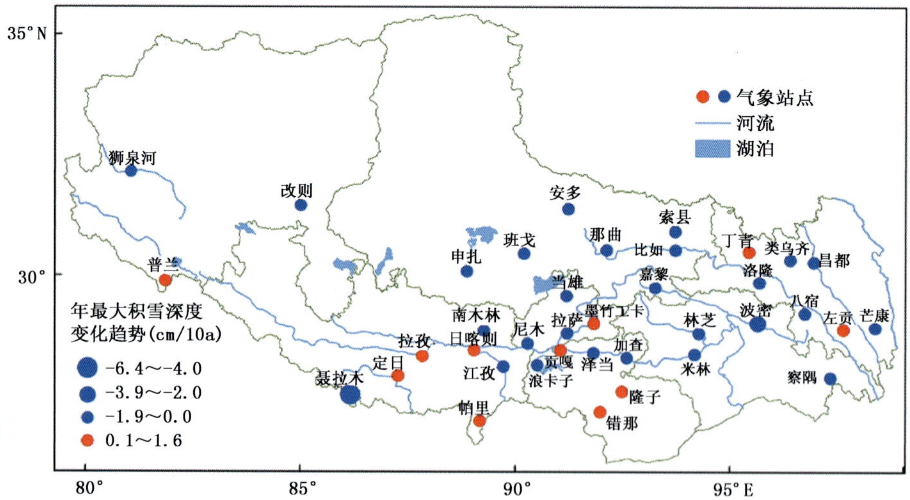

图 3.19 1981—2018 年西藏年最大积雪深度变化趋势空间分布

3.2.3 积雪面积

本公报利用近18年(2001—2018年)美国冰雪研究中心制作的MODIS/EOS 8 d合成积雪产品(MOD10A2),分析了近18年西藏积雪面积的变化,结果发现,西藏每年积雪面积都在15×10^4 km^2以上,年平均积雪面积约为20×10^4 km^2,总体来看,近18年积雪面积呈增加趋势(图3.20)。2018年是2001年以来西藏积雪面积最多的年份,2010年积雪面积最少。

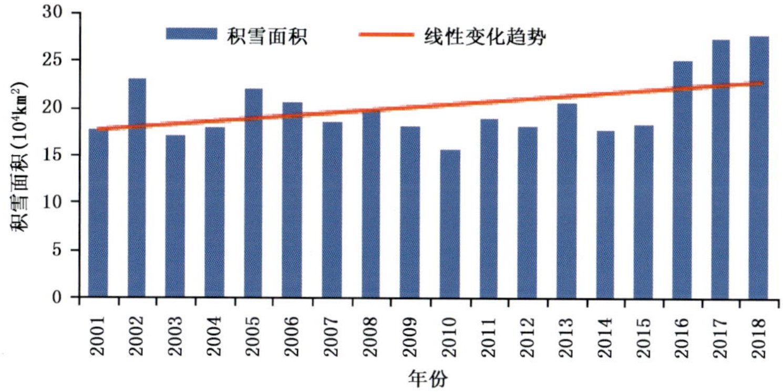

图3.20 2001—2018年西藏平均积雪面积变化

从西藏四季积雪面积变化趋势来看(图3.21),四季积雪面积都表现为增加趋势。由于2016—2018年春、夏两季的积雪面积远高于其他年份,春、夏两季积雪面积增加趋势尤为突出,增幅分别为5 531 km^2/a和3 985 km^2/a。2018年是近18年西藏秋季积雪最多的年份,主要是藏北积雪增多所致,但冬季积雪比2015—2017年冬季少,接近平均值。

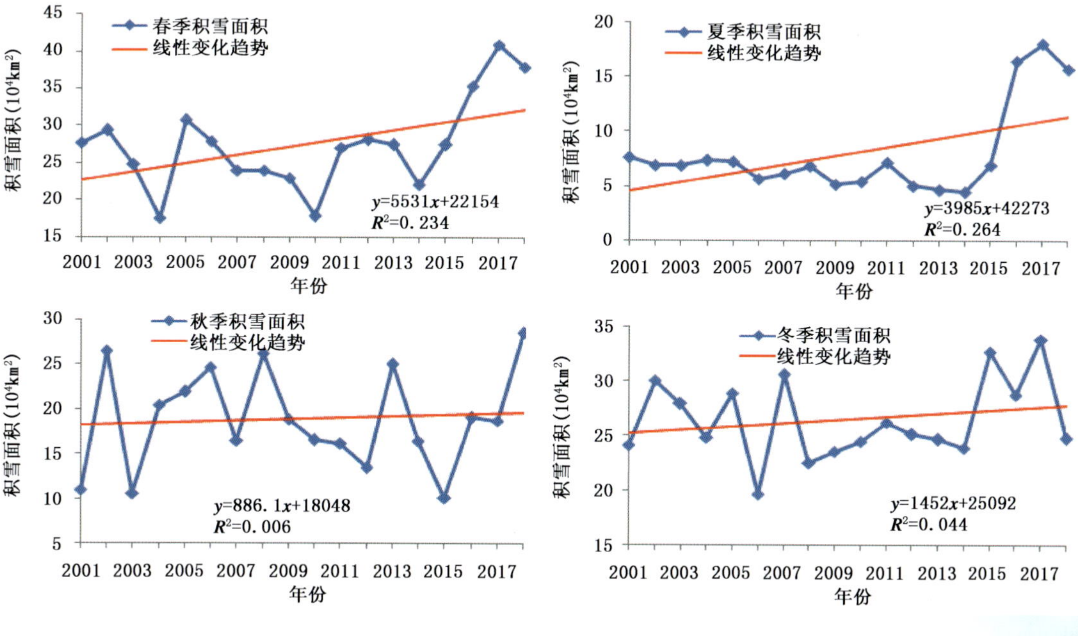

图3.21 2001—2018年西藏四季积雪面积变化

3.3 冻土

作为全球最主要的高海拔冻土区，青藏高原现存多年冻土面积约为 $126\times10^4 km^2$，约占高原总面积的 56%（程国栋 等，2013）。其中，高原型冻土作为主体主要发育在青藏高原腹地，而高山型冻土主要发育在其周边的山地，如喜马拉雅山、祁连山、横断山、昆仑山等。近几十年气候变暖是冻土退化的基础因素，人为活动在局部加速了冻土退化。高原冻土在 1976—1985 年基本处于相对稳定状态，1986—1995 年逐渐地向区域性退化趋势发展，1996 年至今已演变为加速退化阶段，推测未来几十年内冻土退化仍会保持或加速（程国栋 等，2013）。

3.3.1 最大冻土深度

根据西藏 16 个气象观测站冻土监测记录表明，1961 年以来西藏季节性最大冻土深度呈持续减小趋势，不同海拔地区减小特征趋同存异。其中，海拔 4 500 m 以上地区减小趋势最为明显，平均每 10 年减小 16.63 cm（$P<0.001$，图 3.22(a)）；3 200～4 500 m 中等海拔地区最大冻土深度趋于减少，为－4.81 cm/10a（$P<0.001$，图 3.22(b)）；海拔 3 200 m 以下地区呈弱的减小趋势（－0.02 cm/10a，图 3.22(c)）。近 28 年（1991—2018 年）各海拔高度上最大冻土深度减幅更大，分别为－39.37 cm/10a（$P<0.001$）、－7.26 cm/10a（$P<0.001$）和－1.3 cm/10a（$P<0.001$）。

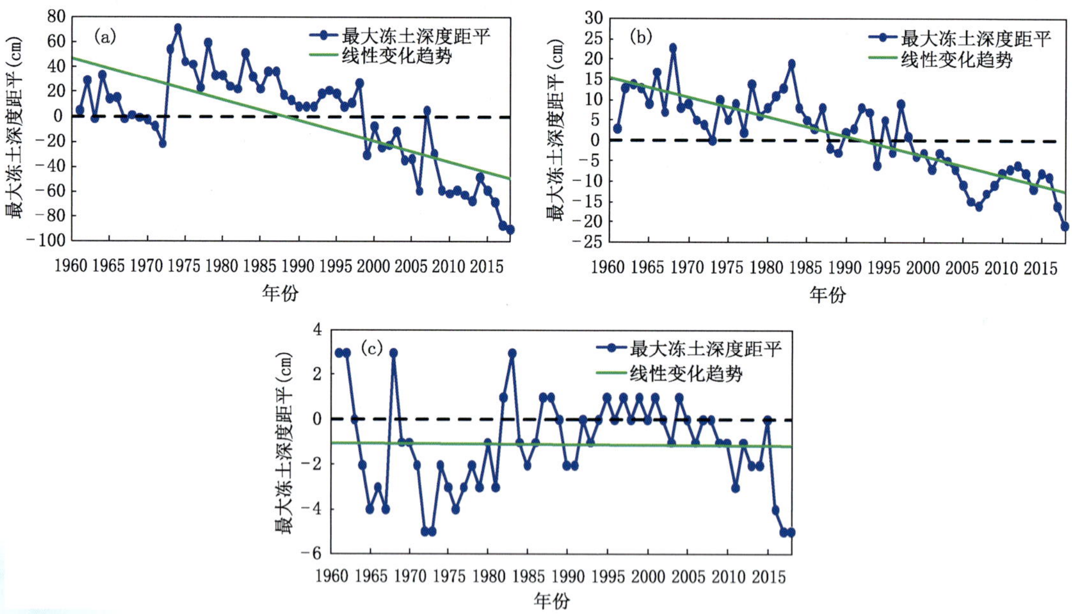

图 3.22 1961—2018 年西藏海拔 4 500 m 以上(a)、海拔 3 200～4 500 m(b)和海拔 3 200 m 以下(c)地区最大冻土深度距平变化

2018 年，4 500 m 以上高海拔地区最大冻土深度为 154 cm，创 1961 年以来的新低，较常年值减小 91 cm；3 200～4 500 m 中等海拔地区最大冻土深度为 28 cm，也创 1961 年以来的新低，较常年值减小 21 cm；3 200 m 以下低海拔地区最大冻土深度为 5 cm，较常年值偏浅 5 cm。

图 3.23 绘出了 1961—2018 年西藏最大冻土深度变化趋势空间分布情况，从图中可知，近 58 年(1961—2018 年)最大冻土深度仅在林芝站趋于增大，为 0.7 cm/10a($P<0.001$)；其余各站均呈现出变浅的变化趋势，平均每 10 年变浅 0.9～36.4 cm(14 个站 $P<0.001$)，其中安多减幅最大($P<0.001$)，其次是那曲，为 −21.3 cm/10a($P<0.001$)，波密减幅最小($P<0.001$)。近 28 年(1991—2018 年)，安多站最大冻土深度变浅更为明显，变浅率高达 −56.1 cm/10a($P<0.001$)；其次是那曲，变浅率为 −22.6 cm/10a($P<0.001$)。

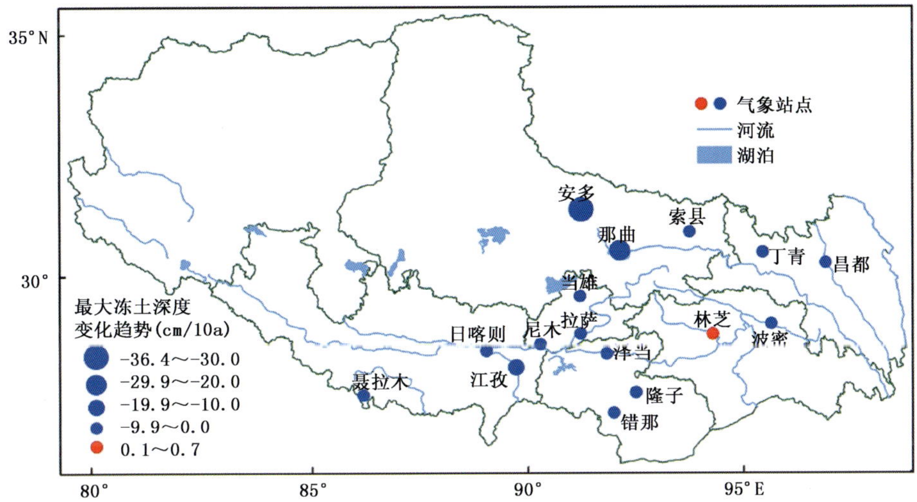

图 3.23　1961—2018 年西藏最大冻土深度变化趋势空间分布

3.3.2　土壤冻结开始日期和终止日期

高荣等(2003)认为，20 世纪 80 年代青藏高原土壤冻结偏早，解冻偏晚，冻结日数偏多；而 90 年代正好相反，冻结偏晚，解冻偏早，冻结日数偏少。土壤始冻日期呈偏晚趋势，解冻日期呈偏早趋势，土壤冻结总体呈退化趋势。

(1)土壤冻结开始日期

根据西藏 16 个气象观测站冻土监测记录表明，近 48 年(1971—2018 年)土壤冻结开始日期在海拔 4 500 m 以上地区推迟最为明显，平均每 10 年推迟了 3.37 d(图 3.24(a)，$P<0.01$)；3 200～4 500 m 中等海拔地区每 10 年推迟 2.04 d(图 3.24(b)，$P<0.01$)；而海拔 3 200 m 以下地区却呈现为提早趋势(图 3.24(c)，平均每 10 年提早 0.63 d。近 28 年(1991—2018 年)各海拔高度上土壤冻结开始日期都呈偏晚趋势，为 4.67～5.59 d/10a，以 4 500 m 以上地区偏晚明显($P<0.001$)。

2018 年，海拔 4 500 m 以上地区土壤冻结平均开始日期为 11 月 8 日，较常年值偏晚 25 d，是 1971 年以来最晚年份；3 200～4 500 m 中等海拔地区土壤冻结平均开始日期为 11 月 11 日，较常年值偏晚 16 d，为 1971 年以来最晚年份；海拔 3 200 m 以下土壤冻结平均开始日期为 12 月 14 日，较常年值偏晚 24 d，为 1971 年以来第二晚年份，仅次于 2017 年。

从西藏土壤冻结开始日期变化趋势空间分布来看(图 3.25)，近 48 年(1971—2018 年)索县、当雄和林芝 3 个站土壤冻结开始日期趋于偏早，平均每 10 年偏早 2.00～3.77 d，以林芝偏

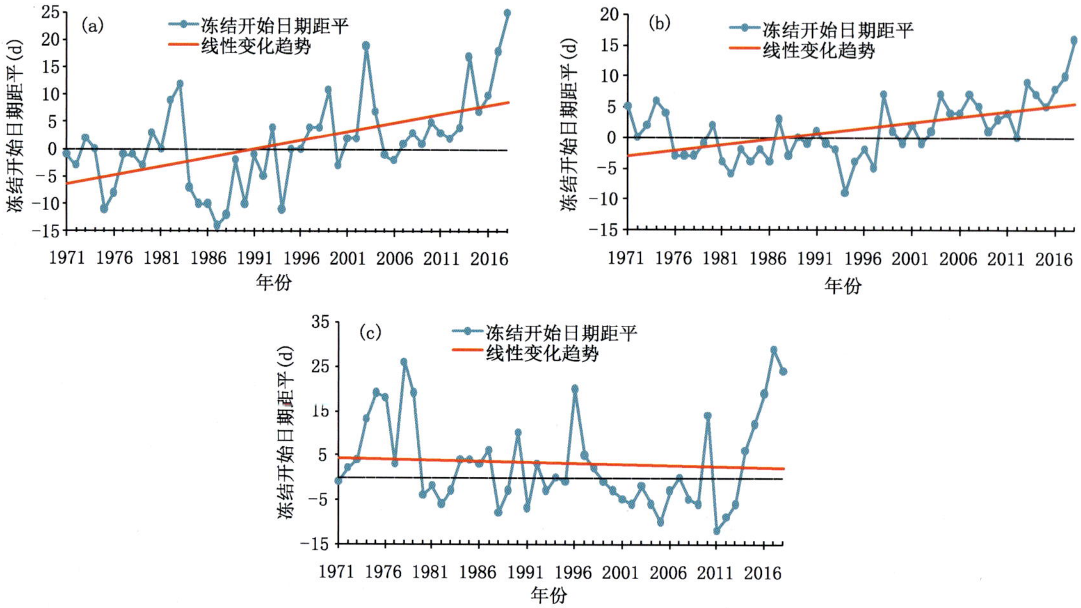

图 3.24　1971—2018 年西藏海拔 4 500 m 以上(a)、海拔 3 200～4 500 m(b)和海拔 3 200 m 以下(c)地区土壤冻结开始日期距平变化

早最多($P<0.05$)，当雄次之，为 −3.21 d/10a($P<0.05$)；其余各站土壤冻结开始日期均呈现为推迟趋势，平均每 10 年推迟 0.15～6.39 d(7 个站 $P<0.05$)，其中聂拉木偏晚最多($P<0.05$)，拉萨次之，为 4.62 d/10a($P<0.01$)。

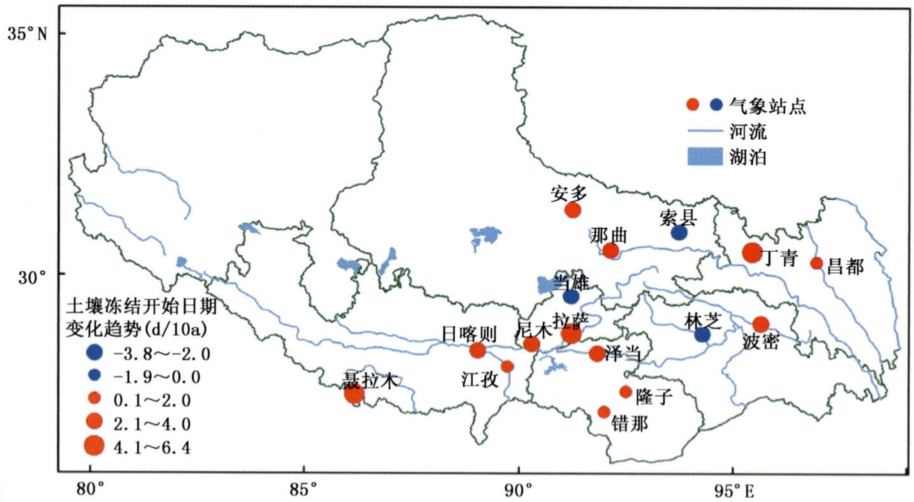

图 3.25　1971—2018 年西藏土壤冻结开始日期变化趋势空间分布

(2)土壤冻结终止日期

分析 1971—2018 年西藏 16 个气象站土壤冻结终止日期(土壤解冻日期)变化趋势，结果表明，各海拔高度上土壤解冻日期均呈提早趋势。其中，海拔 4 500 m 以上地区偏早最为明显(图 3.26(a))，平均每 10 年提早 7.44 d($P<0.001$)，3 200～4 500 m 中等海拔地区每 10 年提

早 5.70 d(图 3.26(b),$P<0.01$);海拔 3 200 m 以下地区平均每 10 年提早 2.08 d(图 3.26(c)),尤其近 28 年(1991—2018 年)海拔 3 200 m 以上地区土壤解冻日期明显偏早,平均每 10 年提早了 8.12～9.21 d($P<0.001$)。

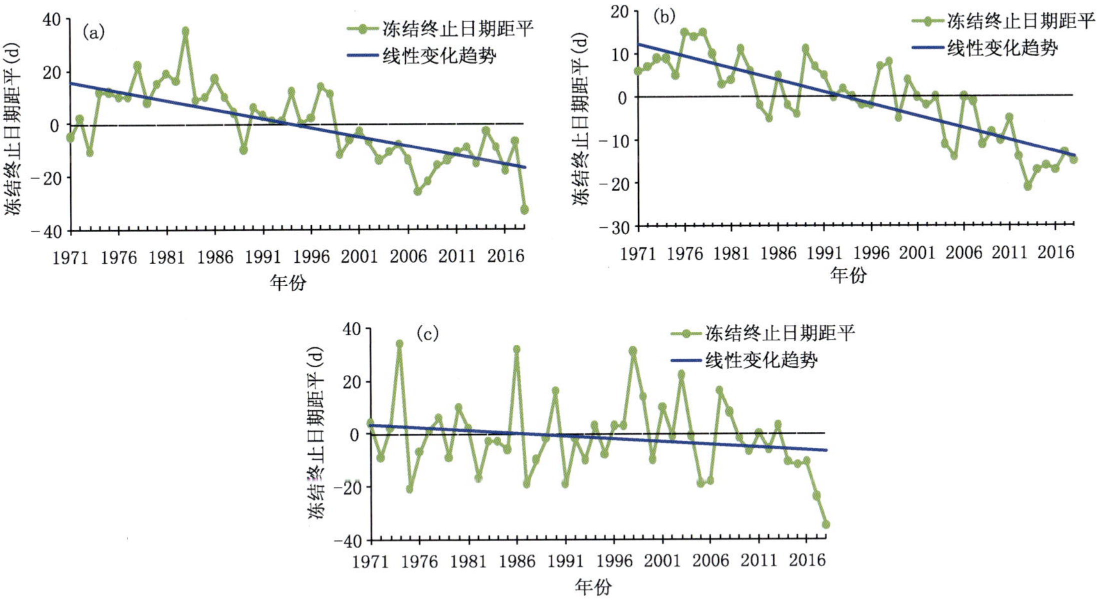

图 3.26 1971—2018 年西藏海拔 4 500 m 以上(a)、海拔 3 200～4 500 m(b)和海拔 3 200 m 以下(c)地区土壤冻结终止日期距平变化

2018 年,4 500 m 以上高海拔地区土壤解冻平均日期为 4 月 28 日,较常年值偏早 33 d,为 1971 年以来最早年份;3 200～4 500 m 中等海拔地区土壤解冻平均日期为 3 月 24 日,较常年值偏早 15 d,为 1971 年以来第五偏早年份;3 200 m 以下低海拔地区土壤解冻平均日期为 1 月 26 日,较常年值偏早 35 d,为 1971 年以来最早年份。

根据西藏土壤冻结终止日期变化趋势空间分布来看(图 3.27),近 48 年(1971—2018 年)仅林芝站土壤解冻日期趋于偏晚,平均每 10 年分别偏晚 2.01 d;其余各站土壤解冻日期均呈现为提早趋势,平均每 10 年提早 0.03～11.13 d(12 个站 $P<0.05$),其中安多偏早最多($P<0.001$),拉萨次之(−10.56 d/10a,$P<0.001$),江孜偏早最少。近 28 年(1991—2018 年)除错那站土壤解冻日期略推迟(0.90 d/10a)外,其他各站都表现为偏早的年际变化特征,为−3.23～−16.87 d/10a,以聂拉木土壤解冻日期偏早最明显($P<0.001$);其次是泽当,为−14.47 d/10a($P<0.001$)。

3.3.3 土壤冻结期

根据西藏 16 个气象观测站冻土监测记录表明,近 48 年(1971—2018 年),海拔 4 500 m 以上地区土壤冻结期缩短趋势最为明显,平均每 10 年缩短 10.15 d(图 3.28(a),$P<0.001$);3 200～4 500 m 中等海拔地区土壤冻结期平均每 10 年缩短 7.12 d(图 3.28(b),$P<0.001$);海拔 3 200 m 以下地区土壤冻结期呈不明显的缩短趋势(0.96 d/10a,图 3.28(c))。近 28 年(1991—2018 年)各海拔地区土壤冻结期缩短趋势更明显,分别为−14.25 d/10a($P<0.001$)、−11.87 d/10a($P<0.001$)和−8.26 d/10a($P<0.10$)。

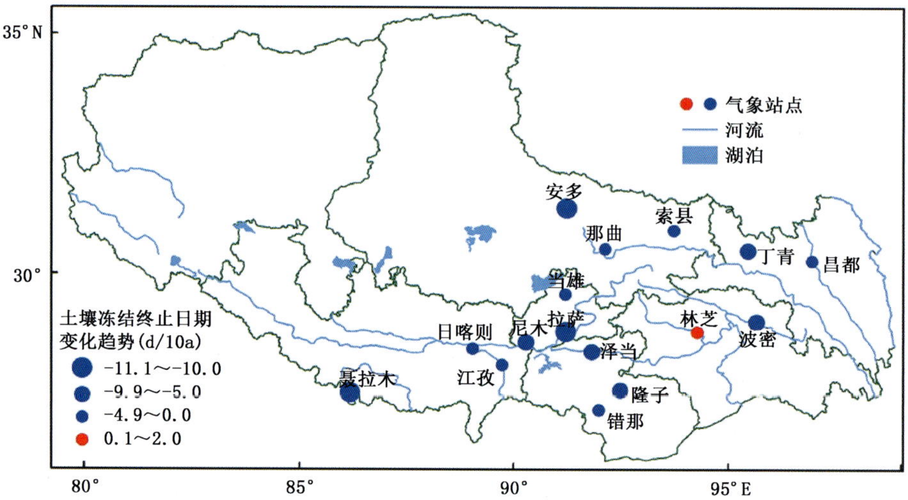

图 3.27　1971—2018 年西藏土壤冻结终止日期变化趋势空间分布

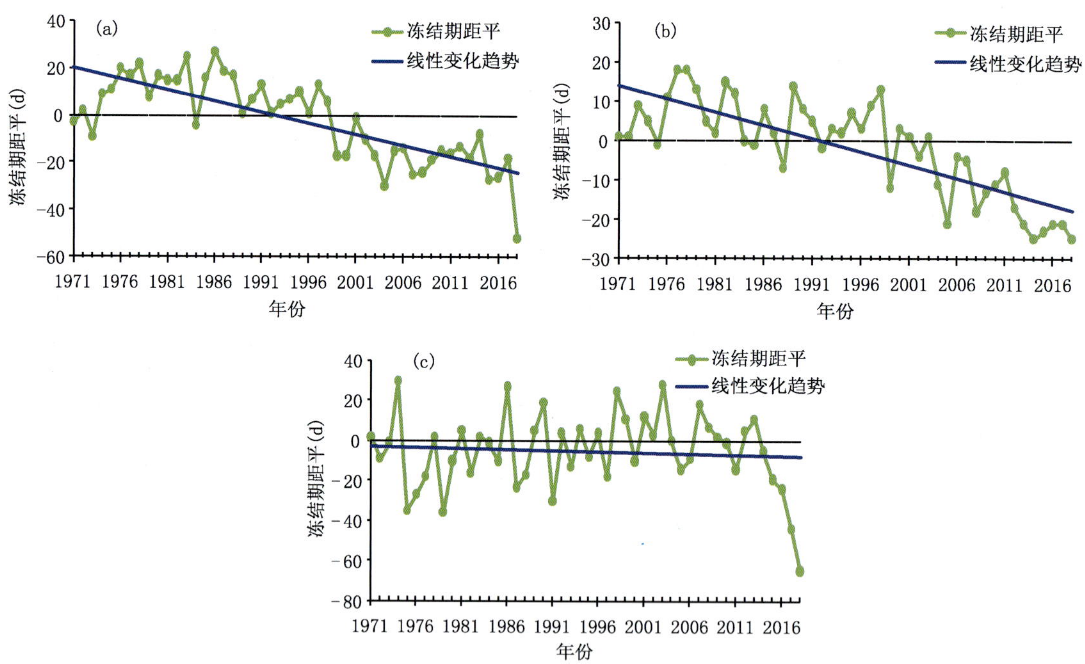

图 3.28　1971—2018 年西藏海拔 4 500 m 以上(a)、海拔 3 200～4 500 m(b)和海拔 3 200 m 以下(c)地区土壤冻结期距平变化

2018 年,4 500 m 以上高海拔地区平均土壤冻结期为 178 d,较常年值缩短 52 d,是 1971 年以来最短年份;3 200～4 500 m 以上中等海拔地区平均土壤冻结期为 139 d,较常年值缩短 25 d,为 1971 年以来与 2014 年并列最短年份;3 200 m 以下低海拔地区平均土壤冻结期为 38 d,较常年值缩短 65 d,为 1971 年以来最短年份。

从西藏土壤冻结期变化趋势空间分布(图 3.29)来看,近 48 年(1971—2018 年)土壤冻结期只在林芝、索县和当雄 3 个站上呈延长趋势,平均每 10 年延长 1.45～6.04 d($P<0.001$),

以林芝延长最大、索县最小；其他各站均表现为缩短趋势，平均每10年缩短2.90～16.20 d(12个站$P<0.05$)，其中聂拉木缩短最多($P<0.001$)，其次是拉萨，为－14.48 d/10a($P<0.001$)，江孜缩短最少。特别是近28年(1991—2018年)聂拉木站土壤冻结期缩短得更为明显，为－25.74 d/10a($P<0.01$)。

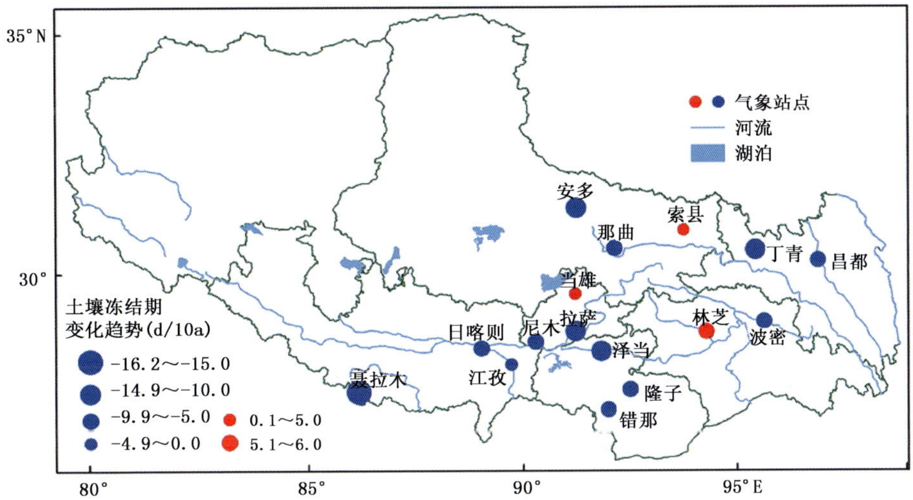

图3.29 1971—2018年西藏土壤冻结期变化趋势空间分布

第 4 章　西藏自治区陆面生态的变化

气候变化对陆面生态系统的影响及其反馈是当前全球变化研究的重要内容，青藏高原是全球气候变化的敏感区和启动区（姚檀栋 等，2000），气候变化的微小波动都会对高原陆面生态系统产生强烈响应（Klein et al，2004）。本章从西藏自治区地表温度、湖泊面积、陆地植被，以及区域生态气候的监测出发，揭示了诸多生态建设的结果，为西藏高原生态文明建设提供科技支撑。总体来看，1961—2018 年西藏大部分湖泊面积呈扩张趋势，生态系统趋好是环境变化的主要特征。

4.1　地表温度

根据监测显示，近 38 年（1981—2018 年）西藏年平均地表温度呈显著上升趋势，升幅为 0.48 ℃/10a（图 4.1）。2018 年，西藏年平均地表温度为 9.5 ℃，较常年值偏高 0.7 ℃，是 1981 年以来第十高值年份。

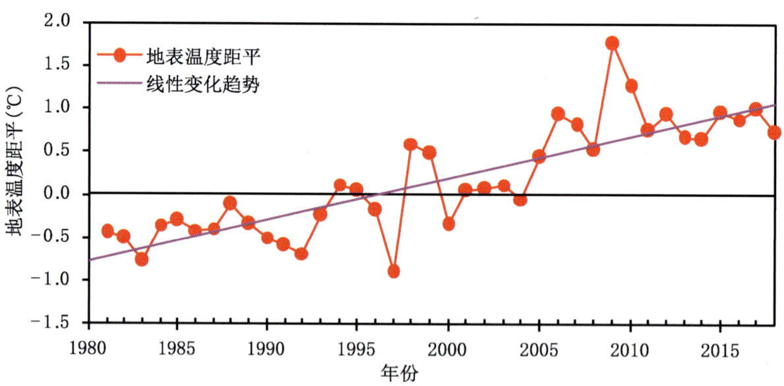

图 4.1　1981—2018 年西藏年平均地表温度距平变化

从 1981—2018 年西藏各站年平均地表温度变化趋势空间分布来看（图 4.2），南木林呈下降趋势，为 −0.06 ℃/10a；其他各站均呈一致的升高趋势，平均每 10 年升高 0.01～1.01 ℃（34 个站 $P<0.05$，其中 30 个站 $P<0.001$），以狮泉河最大（$P<0.001$），其次是班戈（0.83 ℃/10a，$P<0.001$），林芝最小。全区有 37％的站点升温率大于 0.60 ℃/10a，主要分布在阿里地区、那曲市大部、昌都市西北部、拉萨、泽当、错那和隆子等地。

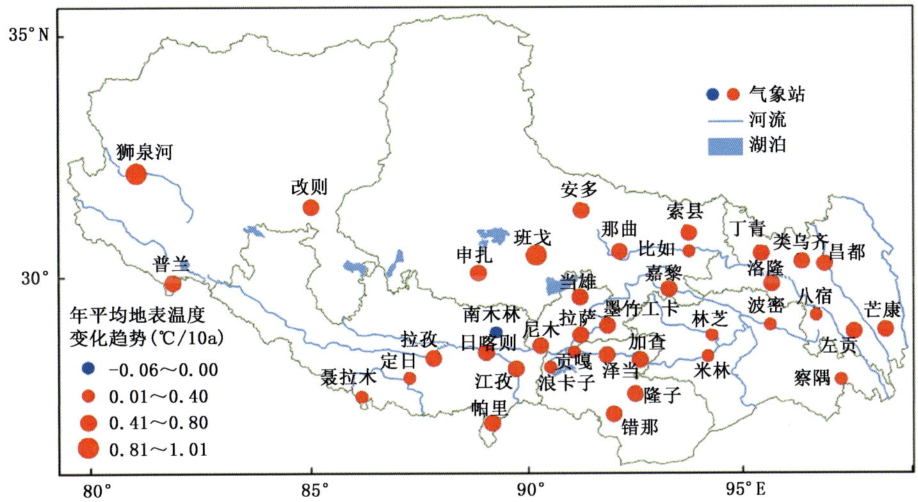

图 4.2 1981—2018 年西藏年平均地表温度变化趋势空间分布

4.2 湖泊

青藏高原是地球上海拔最高、数量最多、面积最大的高原湖群区，也是我国湖泊分布密度最大，且与东部平原湖区遥相呼应的两大稠密湖群区之一。从空间分布来看，拥有面积 1 km^2 以上湖泊数量最多和最大的是青藏高原湖区，湖泊数量为 1 055 个，面积为 41 831.7 km^2，分别占全国湖泊总数量和总面积的 39.2%和 51.4%(马荣华 等，2011)。青藏高原上有青海湖、纳木错、色林错、扎日南木错、当惹雍错、羊卓雍错、鄂陵湖、扎陵湖、昂拉仁错以及班公错等著名大湖。近半个世纪以来，伴随着全球气候变暖及其影响下的冰川消融、冻土退化，青藏高原地区的湖泊因补给条件差异而分别表现出扩张、萎缩、稳定三种状态，整体上以扩张趋势为主，其中 1991—2010 年是湖泊扩张最显著的时期(董斯扬 等，2014)。

4.2.1 色林错

色林错(31°34′～31°57′N，88°33′～89°21′E)，又名奇林湖，地处西藏自治区申扎、班戈和尼玛三县交界处，位于冈底斯山北麓，申扎县以北，曾是西藏第二大咸水湖，湖面海拔 4 530 m。2010 年湖泊面积 2 349.46 km^2(闫立娟 等，2016)，较《中国湖泊志》(王苏民 等，1998)记载的湖泊面积(1 628.0 km^2)扩张了 721.46 km^2，扩张率为 44.3%。

本公报根据 1975—2018 年多源卫星遥感监测资料分析发现，近 44 年(1975—2018 年)色林错湖面面积呈显著的扩张趋势(图 4.3)，湖面面积平均扩张率为 36.14 km^2/a。其中，2000 年以后湖泊面积持续扩张，2000 年湖泊面积与 1975 年相比，扩大了 267.28 km^2，扩张率为 16.48%；2003 年面积达到 2 058.09 km^2，超过纳木错面积，成为西藏第一大咸水湖；2014 年湖泊面积高达2 393.33 km^2，为近 43 年最大值。

2018 年，色林错湖面面积 2 373.18 km^2，较 1975 年(1 621.77 km^2)扩张 751.41 km^2，扩张率为 46.33%；与 2017 年(2 382.39 km^2)相比，萎缩 9.21 km^2，萎缩率为 0.39%。

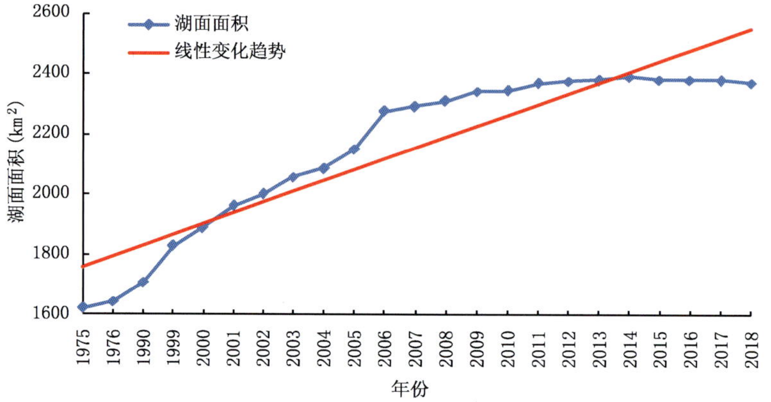

图 4.3　1975—2018 年西藏色林错湖面面积变化

从空间变化来看(图 4.4),色林错变化较明显的区域位于该湖的北部、西南角和东南部。2005 年与 1976 年比较,湖的北部、西南部和东南部湖岸线分别向北、西南部、东南部扩张明显,特别是湖的北部扩展非常明显,扩张了 607.57 km²。同样,2018 年与 1976 年比较,同样也是从湖的北部、西南角和东南部湖岸线分别向北、向西南和向东南扩张,扩张程度比前者更明显。此外,2004 年影像资料显示,色林错和雅根错开始相连,2005 年色林错和雅根错已连成一片。

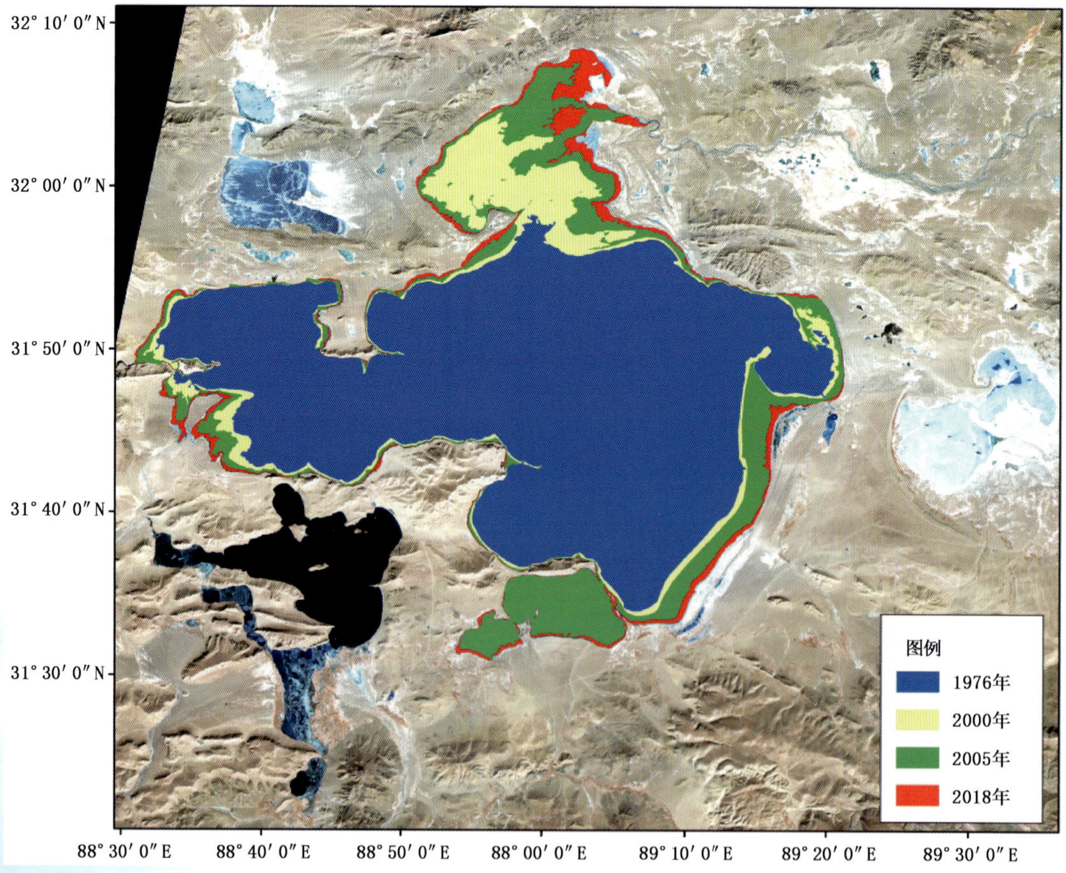

图 4.4　1976—2018 年西藏色林错湖面面积对比

4.2.2 纳木错

纳木错(30°30′～30°55′N,90°16′～91°03′E),位于藏北东南部,念青唐古拉山北麓,西藏自治区当雄县和班戈县境内。它曾是西藏第一大咸水湖,是我国的第二大咸水湖,也是世界海拔最高的咸水湖,湖面海拔 4 718 m。2009 年湖泊面积为 2 028.78 km^2(闫立娟 等,2016),较《中国湖泊志》(王苏民 等,1998)记载的湖泊面积(1 961.5 km^2)扩张了 67.28 km^2,扩张率为 3.43%。

本公报根据卫星遥感监测显示,1975—2018 年纳木错湖面呈明显的扩张趋势(图 4.5),平均每年扩张 2.51 km^2。其中,2000—2018 年面积扩张率为 1.13 km^2/a,2010 年达到 2 038.52 km^2,为近 44 年最大值;2010 年较 2001 年增长了 42.17 km^2,增幅为 2.11%;2011—2018 年扩张有所减缓。

2018 年湖面面积为 2 011.01 km^2,较 1975 年(1 946.6 km^2)扩张 64.41 km^2,扩张率为 3.31%;与 2017 年(2 009.31 km^2)相比,扩张 1.7 km^2,扩张率为 0.08%。

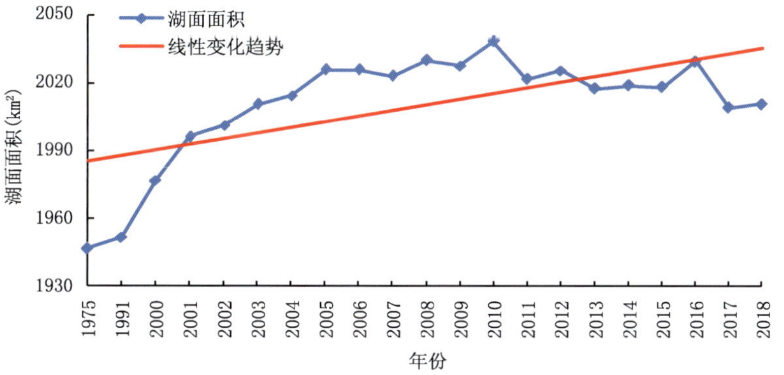

图 4.5 1975—2018 年西藏纳木错湖面面积变化

从空间变化来看(图 4.6),纳木错变化较明显的区域主要位于该湖的西部、东部。2005 年与 1975 年相比,湖的东、西部湖岸线分别向东部、向西部扩展。2018 年与 1975 年比较,沿念青唐古拉山的湖岸线向东南扩展的较为明显。

4.2.3 扎日南木错

扎日南木错(30°44′～31°05′N,85°20′～85°54′E),是西藏第三大湖,位于阿里地区措勤县东北部,湖面海拔 4 613 m。2009 年湖泊面积为 1 006.83 km^2(闫立娟 等,2016),较《中国湖泊志》(王苏民 等,1998)记载的湖泊面积(996.9 km^2)扩张了 9.93 km^2,扩张率为 1.00%。德吉央宗等(2014)分析发现,1975—2011 年扎日南木错湖面面积总体呈增加趋势,平均每年增加 1.75 km^2。

本公报根据多源卫星遥感监测显示,近 44 年(1975—2018 年)扎日南木错面积经历了先萎缩、后扩张的变化,但总体呈扩张趋势(图 4.7),湖面面积平均扩张率为 1.80 km^2/a,其中,1975—1990 年湖泊面积萎缩 17.25 km^2,1999 年湖泊面积降至最低,为 944.12 km^2;2000—2018 年湖泊面积扩张了 61.01 km^2,平均每年扩张了 3.21 km^2。

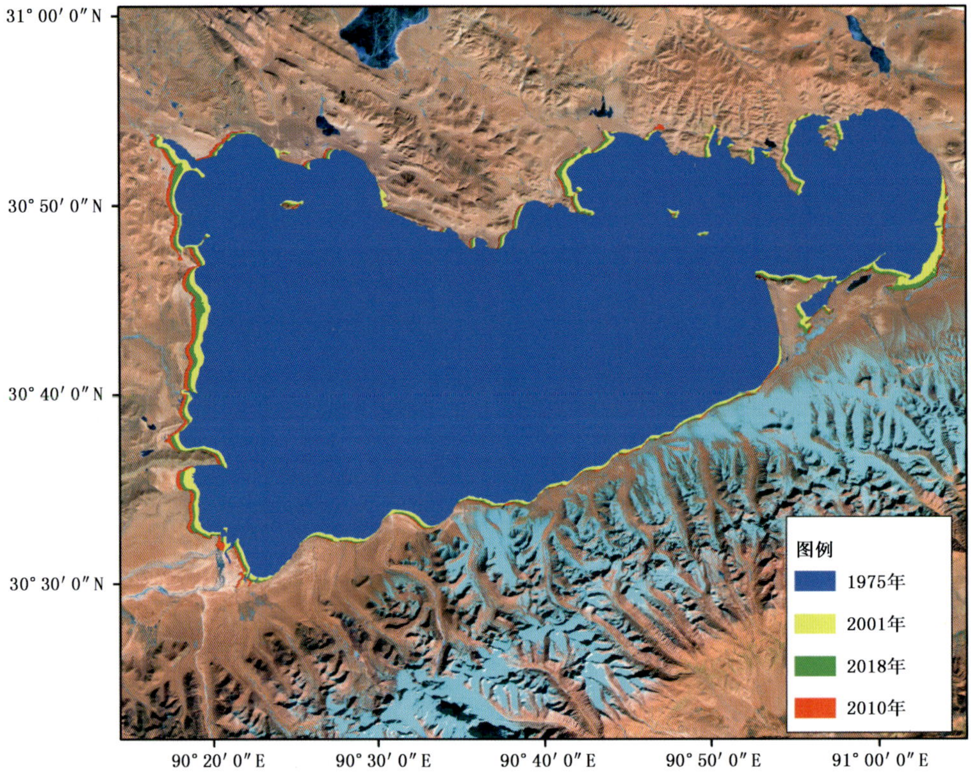

图 4.6　1976—2018 年西藏纳木错湖面面积对比

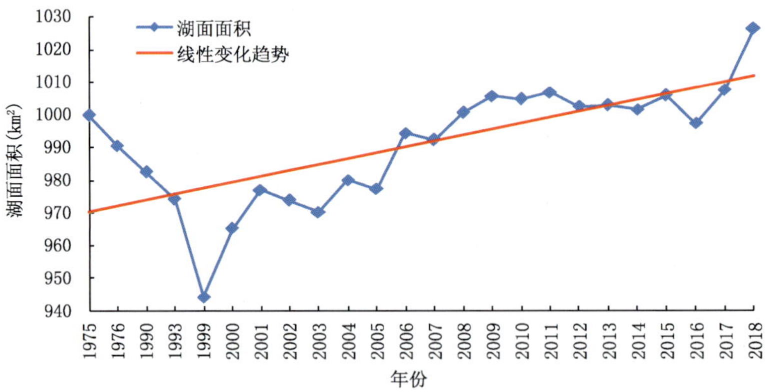

图 4.7　1975—2018 年西藏扎日南木错湖面面积变化

2018 年扎日南木错湖面面积为 1 026.07 km²，创近 44 年(1975—2018 年)最大值；较 1975 年(999.61 km²)扩张 26.46 km²，扩张率为 2.65%；较 2017 年(1 007.43 km²)扩张 18.64 km²，扩张率为 1.85%。

为了反映湖泊面积的变化情况，本公报利用 1976 年、2008 年、2015 年和 2018 年的扎日南木错湖泊面积变化(图 4.8)，对比分析发现，变化较明显的区域主要位于湖的西部和西北部。其中，2008 年与 1976 年相比，西部和西北部湖岸线分别向西、向西北扩张；2008 年东北部湖岸线略有

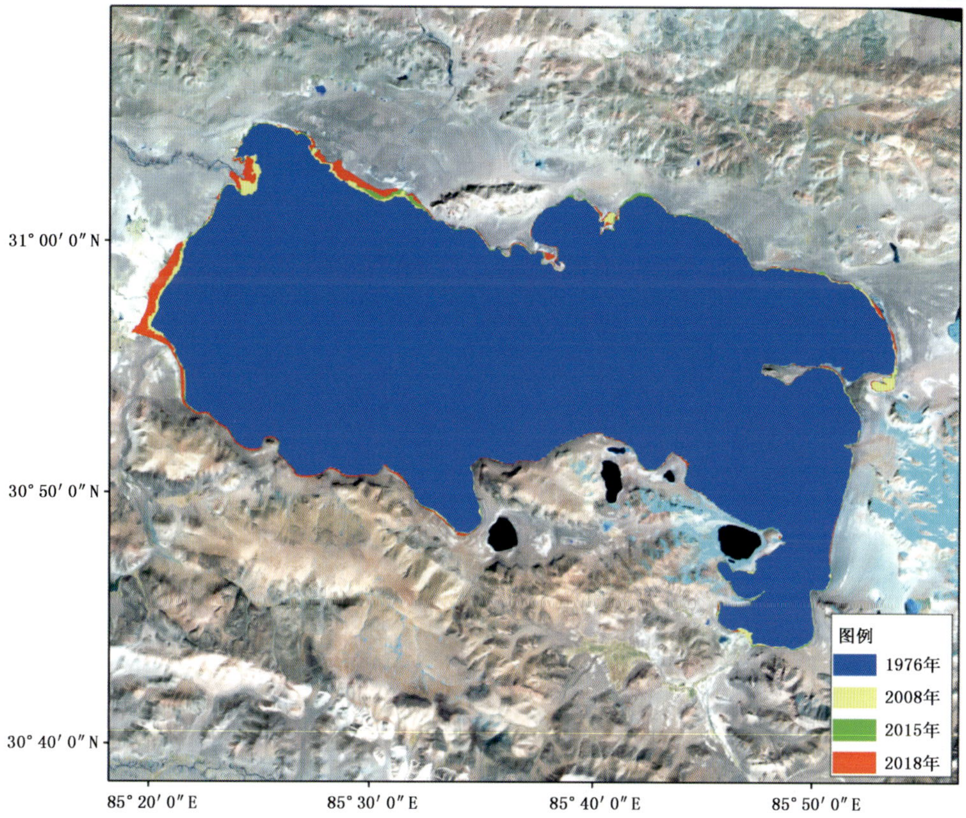

图 4.8　1976—2018 年西藏扎日南木错湖面面积对比

扩张。同样，2018 年与 1976 年相比，扩展方向和 2008 年与 1976 年相同，但程度更加明显，尤其是西北角措勤藏布河口附近。

4.2.4　当惹雍错

当惹雍错（30°45′～31°22′N，86°23′～86°49′E），又名唐古拉攸木错，位于冈底斯山北坡拗陷盆地北部的东段，属西藏自治区尼玛县，湖面海拔 4 528 m。第四纪时期，当时当惹雍错北面与当穹错，南边与许如错相连，长可达 190 km。由于气候变干，湖水退缩，当穹错、许如错与当惹雍错分离，遂成独立湖泊。王君波等（2010）实测当惹雍错最大水深为 214.48 m，是青藏高原上已知最深的湖泊，也是我国境内已知的第一深水湖。2009 年当惹雍错湖泊面积为 841.83 km^2（闫立娟 等，2016），较《中国湖泊志》（王苏民 等，1998）记载的湖泊面积（835.30 km^2）扩张了 6.53 km^2，扩张率为 0.78%。拉巴卓玛等（2018）分析得到 1977—2014 年当惹雍错平均湖面面积为 835.75 km^2，最大湖面面积为 856.01 km^2，出现在 2014 年；最小湖面面积为 822.91 km^2，出现在 1990 年。

本公报通过分析 Landsat/MSS、TM、ETM＋和高分数据发现，近 42 年（1977—2018 年）当惹雍错湖泊面积整体呈上升趋势（图 4.9），平均每年增加 1.57 km^2。其中，湖泊在 20 世纪 80 年代末至 90 年代初出现了一次萎缩状态，到 1999 年湖面面积恢复至 829.92 km^2，接近 1977 年的湖面面积。2000 年以后湖泊面积基本处于增长趋势，2000—2018 年湖面面积扩大了 27.13 km^2，平均每年增加 1.42 km^2。

2018 年，当惹雍错湖面面积达到 858.24 km^2，较 1977 年（829.15 km^2）扩大了 29.09 km^2，扩张率为 3.51%；较 2017 年（860.29 km^2）相比，萎缩了 2.05 km^2，萎缩率为 0.24%。

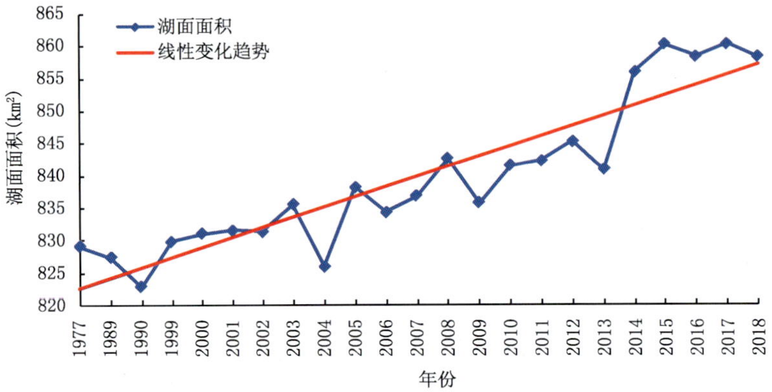

图 4.9 1977—2018 年西藏当惹雍错湖面面积变化

从当惹雍错湖面面积的空间变化来看（图 4.10），2018 年与 1977 年比较，变化较明显的区域位于该湖的西南部和东南部，分别向外侧扩张。其中，2014 年西南面的小湖面积明显扩大，并与当惹雍错相连起来。

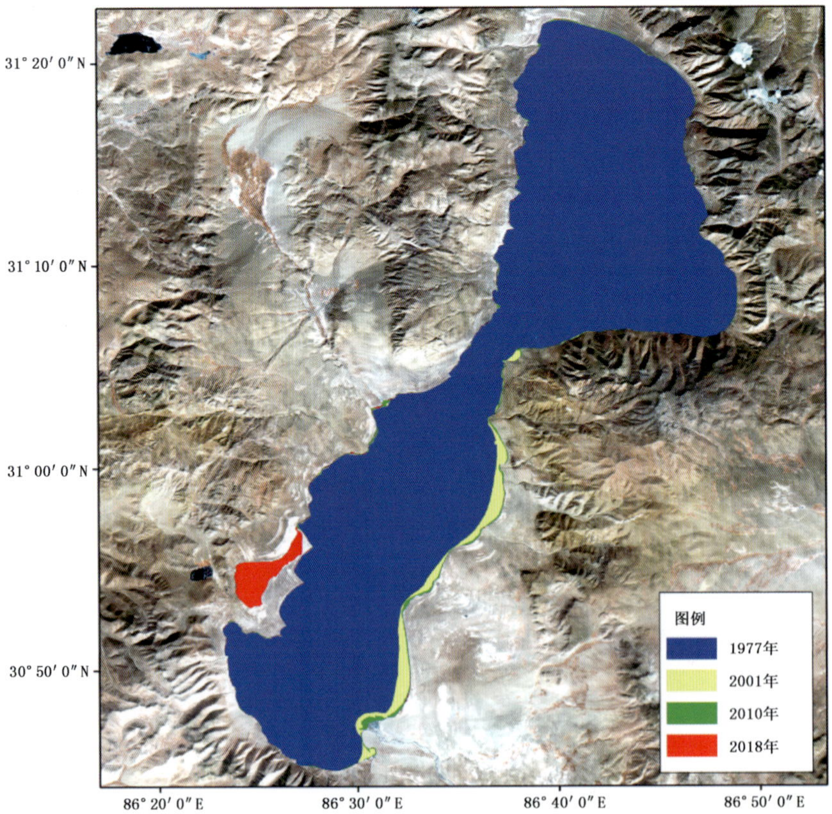

图 4.10 1977—2018 年西藏当惹雍错湖面面积对比

4.2.5　玛旁雍错

玛旁雍错(30°34′～30°47′N,81°22′～81°27′E),位于西藏阿里地区普兰县境内,西与拉昂错相邻,岗仁波齐峰之南。湖面海拔 4 586 m。2010 年湖泊面积为 415.92 km^2(闫立娟 等,2016),较《中国湖泊志》(王苏民 等,1998)记载的湖泊面积(412.0 km^2)扩张了 3.92 km^2,扩张率为 0.95%。

本公报利用多源卫星遥感资料分析发现,近 42 年(1977—2018 年)玛旁雍错湖面面积线性变化趋势不是很明显,但总体上呈减少趋势(图 4.11),平均每年减少 0.15 km^2。其中,1977—1994 年湖泊面积减少了 2.99 km^2;2000—2018 年湖泊面积减少了 3.15 km^2。

2018 年,玛旁雍错湖面面积为 413.0 km^2,较 1977 年(418.55 km^2)萎缩 5.55 km^2,萎缩率为 1.33%;较 2017 年(412.55 km^2)扩张 0.45 km^2,扩张率为 0.11%。

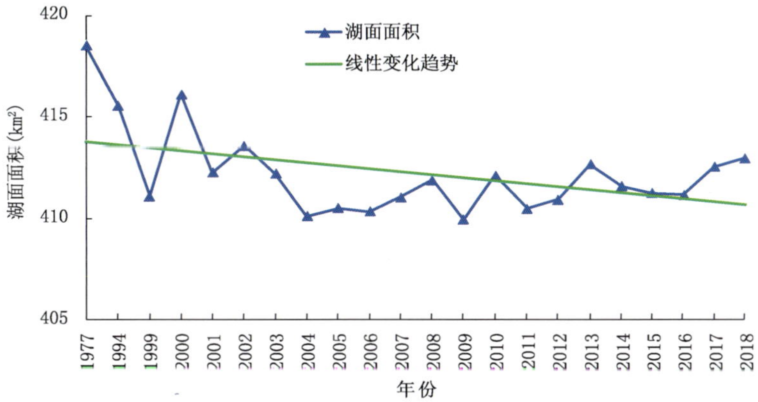

图 4.11　1977—2018 年西藏玛旁雍错湖面面积变化

从空间变化来看(图 4.12),分析发现,玛旁雍错变化较明显的区域位于该湖的北部和东部。2018 年与 1977 年比较,湖的北部和东部湖岸线萎缩了 1.33%。

4.2.6　拉昂错

拉昂错(30°40′～30°51′N,81°06′～81°19′E),又名蓝嘎错。位于西藏自治区普兰县境内,第四纪时期与东部的玛旁雍错同属一个大湖体,后因气候逐渐干旱,古湖泊萎缩,分离肢解成现状。滨湖东、西、南部环山,北部为湖泊、河积平原,地势开阔;沿湖有古湖岸砂堤分布,高出湖面 25.0 m。近似汤勺形,湖面海拔 4 572.0 m,长 29.0 km,最大宽 17.0 km,平均宽 9.26 km,湖泊面积为 268.50 km^2(王苏民 等,1998)。2010 年拉昂错湖泊面积为 262.59 km^2(闫立娟 等,2016),较《中国湖泊志》记载的湖泊面积萎缩了 5.91 km^2,萎缩率为 2.20%。

本公报根据分析多源卫星遥感资料发现,近 42 年(1977—2018 年)拉昂错湖面面积变化总体呈减少趋势(图 4.13),平均每年减少 2.18 km^2。具体表现为:1977—1994 年湖泊面积萎缩了 7.42 km^2,1977—2005 年湖泊面积萎缩了 13.58 km^2。2000 年以后湖泊面积持续减少,2000—2018 年湖泊面积减少了 14.68 km^2,减幅为 5.5%。

2018 年,拉昂错湖面面积为 252.22 km^2,是近 42 年(1977—2018 年)的最低值。与 1977 年(274.21 km^2)比较,萎缩 21.99 km^2,萎缩率为 8.02%;与 2017 年(255.11 km^2)比较,萎缩

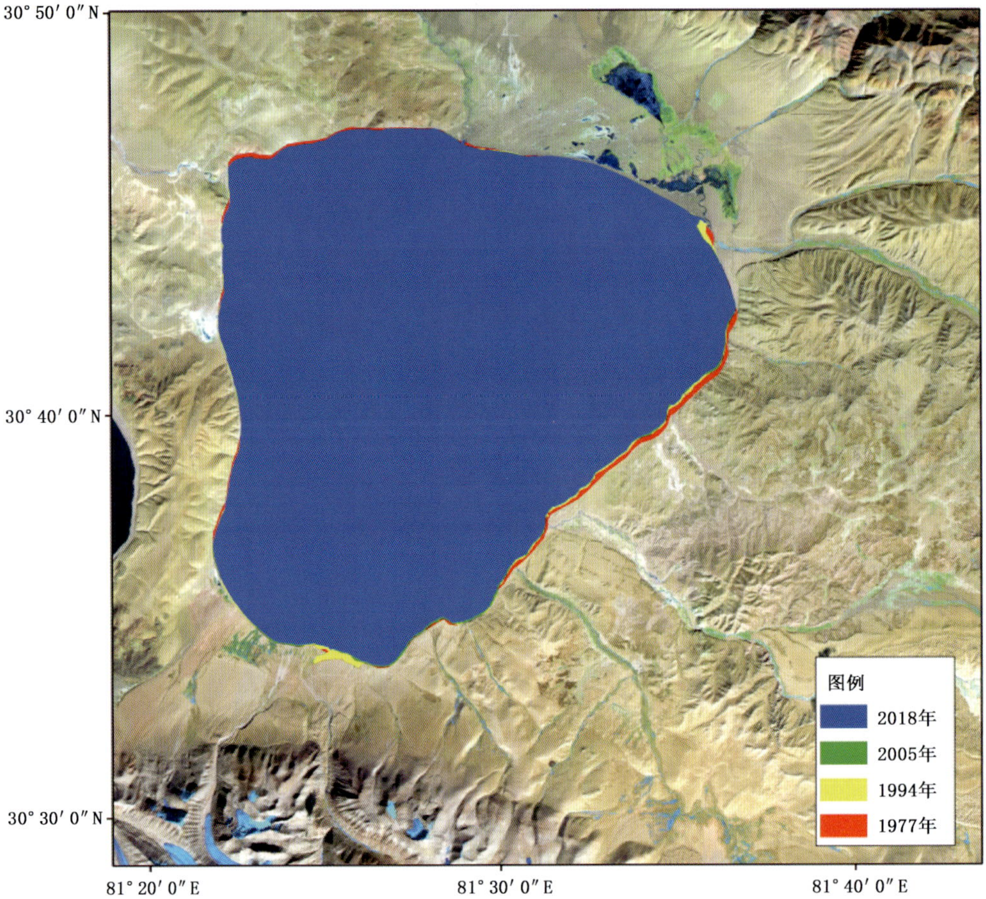

图 4.12　1994—2018 年西藏玛旁雍错湖面面积对比

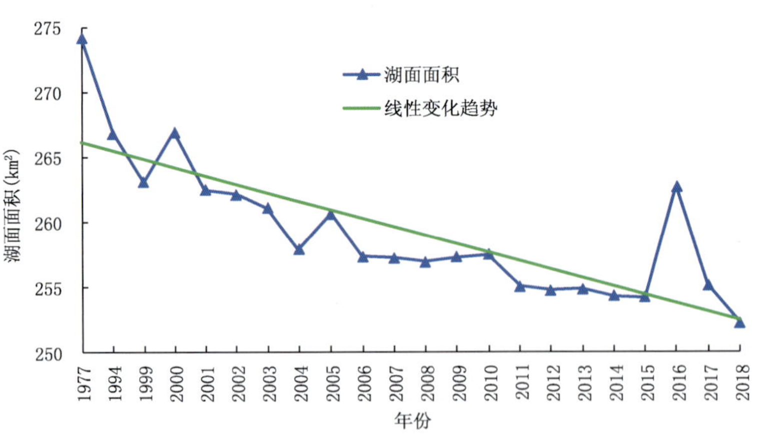

图 4.13　1977—2018 年西藏拉昂错湖面面积变化

2.89 km^2，萎缩率为 1.13%。

从空间变化分析来看(图 4.14)，拉昂错变化较明显的区域主要位于该湖的北部。2010 年与1994年对比，拉昂错北部湖岸线向南萎缩9.32 km^2；同样，2010年与1977年相比萎缩16.74 km^2，也是北部湖岸线向南萎缩，萎缩程度比前者更加明显。2018年与1977年比较，仍以北部湖岸线萎缩明显，西南部和东南部萎缩也较为明显。

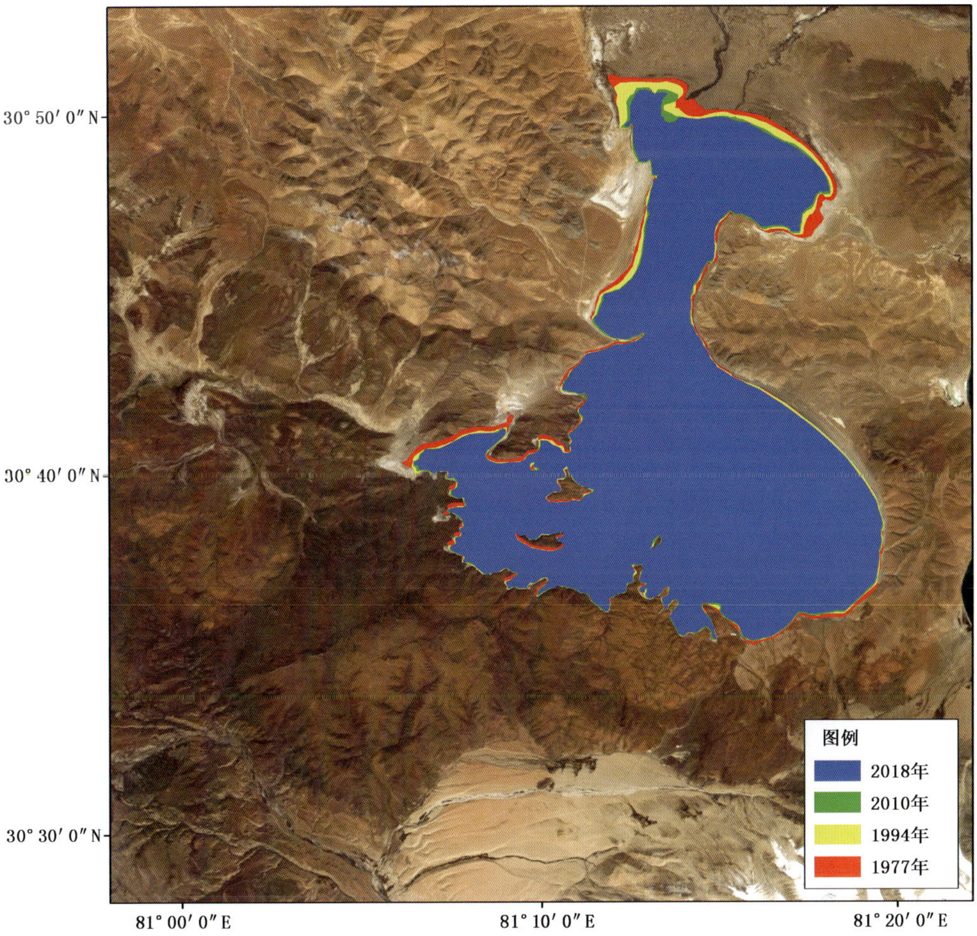

图 4.14　1994—2018年西藏拉昂错湖面面积对比

4.2.7　佩枯错

佩枯错，又名拉错新错，位于西藏自治区吉隆县和聂拉木县的交界处，在28°46′～29°02′N，85°30′～85°42′E之间。它是藏南又一较大的内陆湖泊，也是日喀则市最大的湖泊，湖面海拔4 580 m。2009年湖泊面积为271.01 km^2（闫立娟 等，2016），较《中国湖泊志》（王苏民 等，1998）记载的湖泊面积（284.4 km^2）萎缩了13.39 km^2，萎缩率为4.71%。

本公报通过对多源卫星遥感影像数据分析发现，近44年（1975—2018年）佩枯错湖面面积总体呈减少趋势（图4.15），平均每年减少0.46 km^2。其中，1975—1999年、1991—1999年湖泊面积都在减少，分别减少了6.53 km^2和0.83 km^2。2000年以后湖泊面积有增有减，2000—2018年湖泊面积减少了7.28 km^2，其中2009年降至最低，仅为267.76 km^2，较1975年减少了14.02 km^2，减幅为4.98%。

2018 年,佩枯错湖面面积为 269.03 km²,较 1975 年(281.78km²)萎缩 12.75 km²,萎缩率为 4.52%;较 2017 年(269.58 km²)萎缩 0.55 km²,萎缩率为 0.20%。

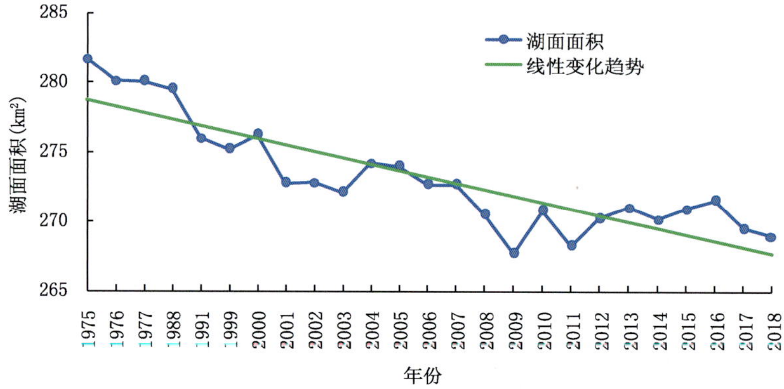

图 4.15 1975—2018 年西藏佩枯错湖面面积变化

从空间变化分析来看(图 4.16),2000 年与 1976 年比较,佩枯错湖面变化较明显的区域位于该湖的南岸和东南岸,南部和东南部湖岸线分别向北、向西北方向萎缩。同样,2018 年与 1976 年相比,萎缩方向与前者相同,且萎缩的更明显。

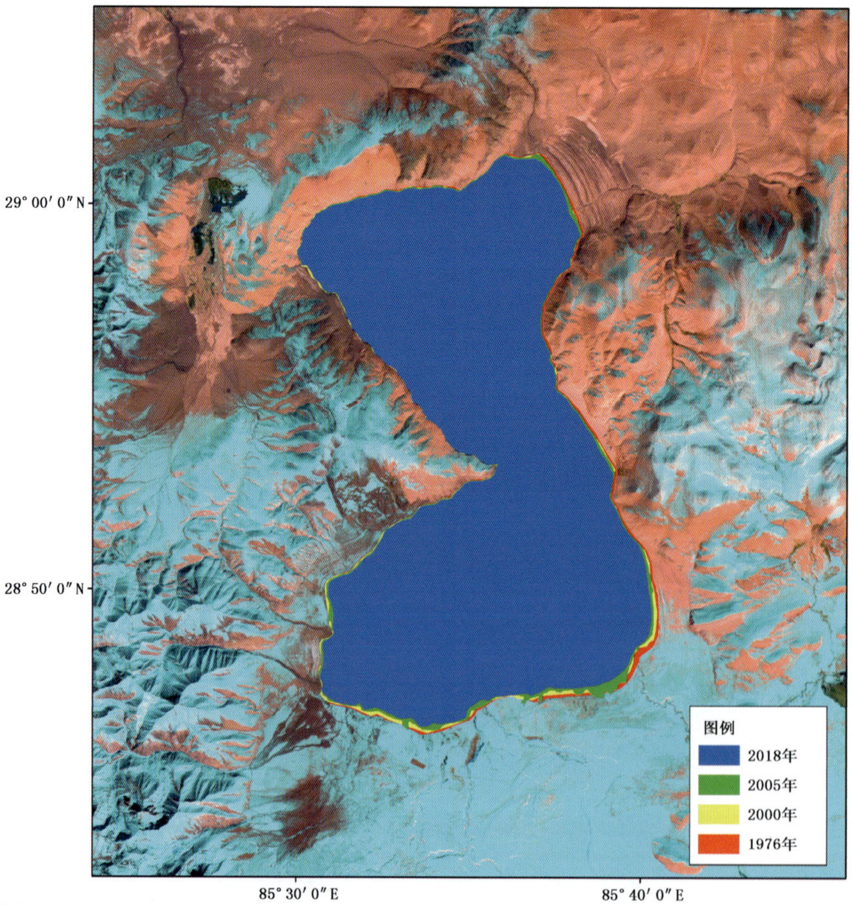

图 4.16 1975—2018 年西藏佩枯错湖面面积对比

4.2.8 塔若错

塔若错(31°03′～31°13′ N,83°55′～84°20′ E)位于西藏自治区仲巴县,冈底斯山脉北麓山间盆地内,湖面海拔 4 566 m,长 38.1 km,最大宽 17.2 km,平均宽 12.77km,面积 486.6 km^2。湖水主要依靠冰雪融水径流补给,有布多藏布等 19 条入湖河流,属藏北内陆湖,碳酸盐亚型淡水湖。2009 年湖泊面积为 488.83 km^2(闫立娟 等,2016),较 1998 年《中国湖泊志》(王苏民 等)记载的湖泊面积(486.6 km^2)扩张了 2.23 km^2,扩张率为 0.46%。

本公报根据多源卫星遥感资料的监测显示,近 47 年(1972—2018 年)塔若错湖面面积变化呈现为先萎缩后扩张的态势(图 4.17),总体上趋于扩张,平均每年扩张 0.31 km^2。其中 1972—1996 年湖泊面积萎缩 14.18 km^2,萎缩率为 2.9%;1996—2000 年扩张 7.05 km^2,扩张率为 1.48%;2001—2018 年扩张 15.91 km^2,扩张率为 3.30%。

2018 年,塔若错湖面面积为 497.99 km^2,较 1972 年(489.66 km^2)扩张 8.33 km^2,扩张率为 1.70%;较 2017 年(487.01 km^2)扩张 10.98 km^2,扩张率为 2.25%。

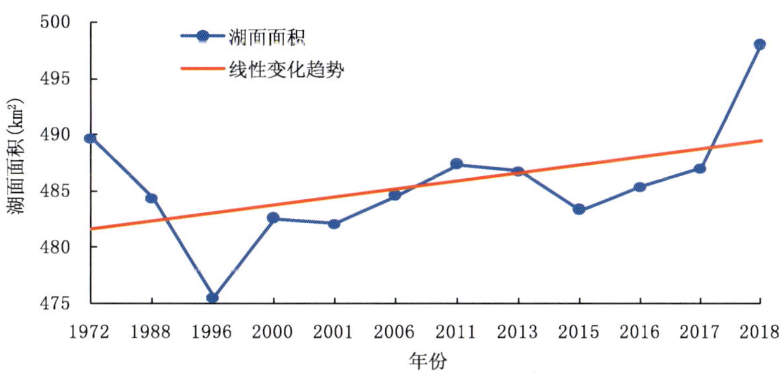

图 4.17　1972—2018 年西藏塔若错湖面面积变化

从塔若错湖面面积变化的空间分析来看(图 4.18),2018 年与 1996 年比较,湖面向四周扩张的较为明显,尤其是东、西部。

4.2.9 羊卓雍错

羊卓雍错(28°16′～29°11′ N,90°21′～91°05′ E),简称羊湖,与纳木错、玛旁雍错并称西藏三大圣湖,是喜马拉雅山北麓最大的内陆湖,位于西藏自治区浪卡子县,距拉萨市西南 100 km,流域面积 6 100 km^2,湖面海拔高程 4 440 m,湖水储量约为 160×10^8 m^3,湖泊水深一般在 30～40 m,最深达 59 m,东西长 130 km,南北宽 70 km。湖水 pH 值为 9.2～9.3,矿化度 1.62～1.89 g/L,属硫酸盐类微咸湖。2009 年湖泊面积为 583.23 km^2(闫立娟 等,2016),较《中国湖泊志》(王苏民 等,1998)记载的湖泊面积(638.0 km^2)萎缩了 54.77 km^2,萎缩率为 8.58%。

本公报利用多源卫星遥感资料分析,结果发现,近 47 年(1972—2018)年羊卓雍错湖面面积总体呈萎缩趋势(图 4.19)。具体表现为:1977—1994 年湖泊面积萎缩 72.16 km^2,萎缩率为 11.58%;1993—2005 年湖面面积扩张 22.13 km^2;之后呈显著持续萎缩趋势。2010 年以后

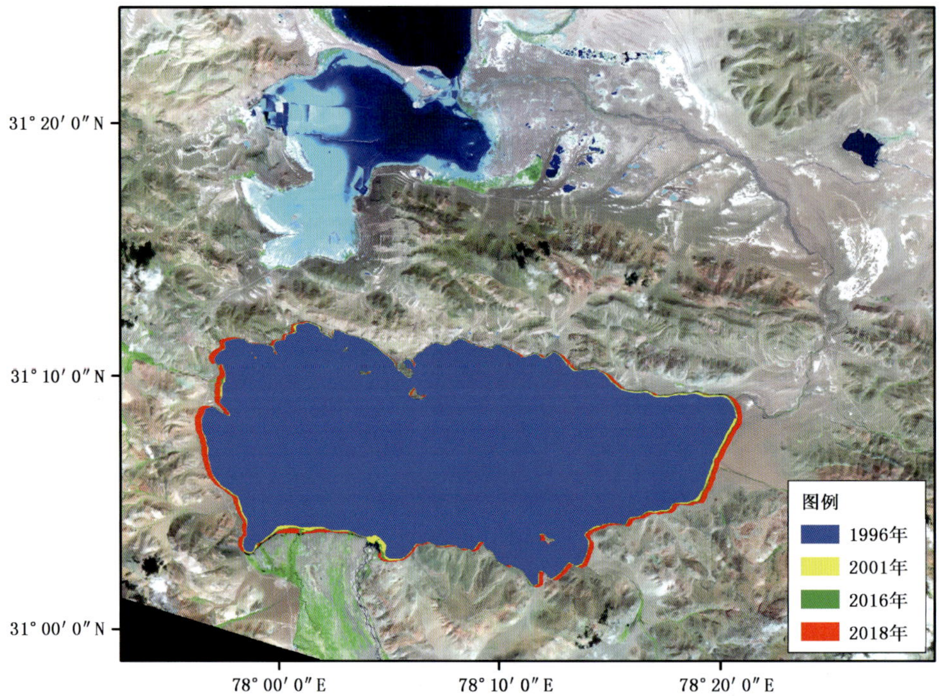

图 4.18　1972—2018 年西藏塔若错湖面面积对比

湖泊面积变化较稳定，2015 年湖泊面积达到最低值（534.5 km²）；2010—2018 年湖泊面积萎缩 6.1 km²，萎缩率为 1.1%。

2018 年，羊卓雍错湖面面积为 550.82 km²，较 1972 年（622.98 km²）萎缩 72.16 km²，萎缩率为 11.58%；较 2017 年（545.2 km²）扩张 5.62 km²，扩张率为 1.03%。

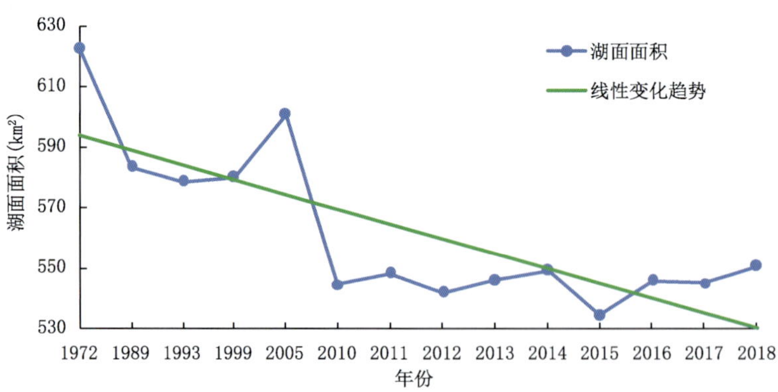

图 4.19　1972—2018 年西藏羊卓雍错湖面面积变化

根据羊卓雍错湖面面积变化的空间分析来看（图 4.20），2018 年与 1972 年比较，湖的东部和南部萎缩的较明显，东部、南部湖岸线分别向西、向北方向萎缩。

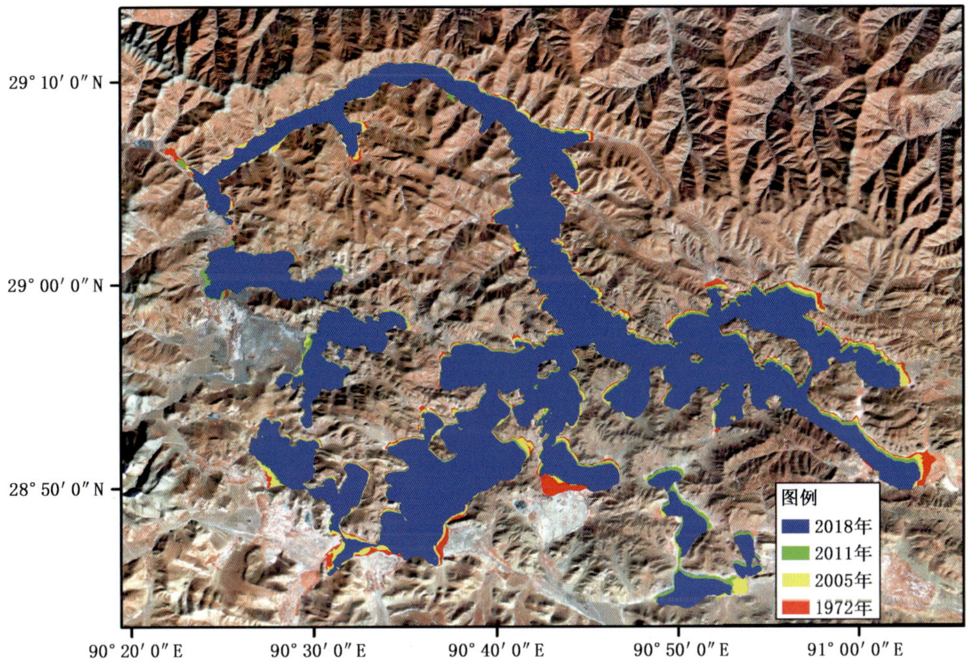

图 4.20 1972—2018 年西藏羊卓雍错湖面面积对比

4.2.10 普莫雍错

普莫雍错(28°30′～28°38′ N,90°13′～90°33′ E)位于西藏自治区浪卡子县境内,羊卓雍错的南面,喜马拉雅山北坡—山间盆地内。藏文意为姑娘湖,湖面海拔 5 010 m,长 32.5 km,最大宽 14.0 km,平均宽 8.93 km,面积 290.0 km^2。湖岸线长 94.0 km,发育系数 1.56。湖水主要由降水和冰川融水补给,较大的入湖河流 6 条,其中西岸入湖的加曲最大,冰雪融水径流丰富。湖水性质为淡水湖。2009 年湖泊面积为 292.02 km^2(闫立娟 等,2016),较《中国湖泊志》(王苏民 等,1998)记载的湖泊面积(290.0 km^2)扩张了 2.02 km^2,扩张率为 0.70%。

本公报通过 1972—2018 年多源卫星遥感资料分析发现,近 47 年普莫雍错湖面面积呈明显的增加趋势(图 4.21),平均每年增加 0.53 km^2。其中,1972—1993 年湖泊面积萎缩 1.97 km^2;1999—2018 年湖面面积扩张 5.47 km^2,扩张率为 1.89%。

2018 年,普莫雍错湖面面积达到最高值,为 294.19 km^2,较 1972 年(286.26 km^2)扩张 7.93 km^2,扩张率为 2.77%;较 2017 年(290.75 km^2)扩张 3.44 km^2,扩张率 1.18%。

就普莫雍错湖面面积的空间变化来看(图 4.22),2018 年与 1972 年比较,湖的西北部扩张的较为明显,南部也有部分湖岸线向南扩张。

4.2.11 多庆错

多庆错(27°58′～28°36′N, 89°14′～89°29′E),又名多情错。位于西藏自治区日喀则市的东南部,亚东县和康马县交界处,喜马拉雅山北坡—山间盆地内。湖面海拔 4 466 m,面积 60.0 km^2。湖水主要依靠麻曲和琼桂藏布两河补给,两河分别长 42 km 和 26 km,源于喜马拉

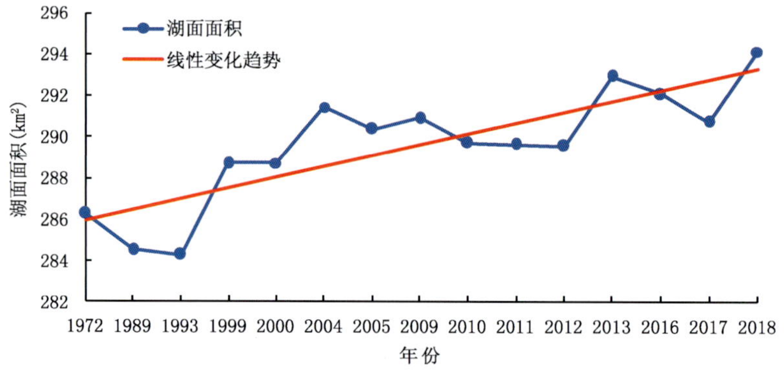

图 4.21　1972—2018 年西藏普莫雍错湖面面积变化

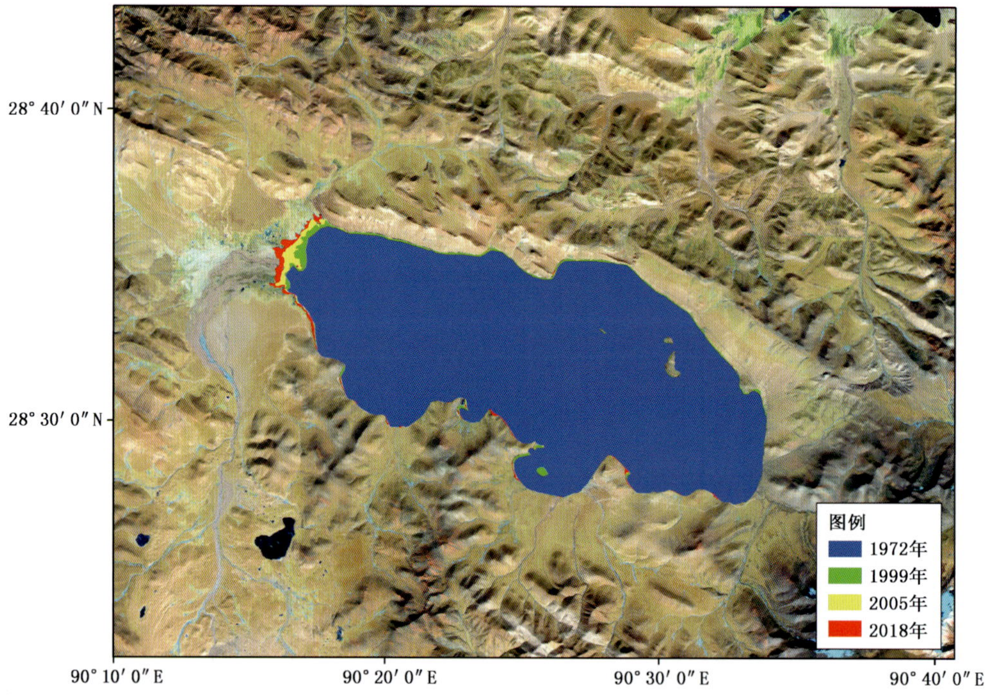

图 4.22　1972—2018 年西藏普莫雍错湖面面积对比

雅山；出流向北穿过山谷泄入嘎拉盆地。湖水 pH 值 7.7，属硫酸钠亚型内陆微咸水湖（王苏民 等，1998）。是典型的喜马拉雅山北麓—藏南典型的沼泽和沼泽化草甸湿地。

本公报从分析 1976—2018 年多源卫星遥感资料，结果发现，近 43 年（1976—2018 年）多庆错湖面面积总体表现为萎缩趋势（图 4.23），平均每年萎缩 2.1 km^2。其中，1976—2000 年湖泊面积扩张 41.26 km^2，扩张率为 84.14%，2000 年面积达到 90.30 km^2，为近 43 年最大值；2000—2004 年萎缩 43.11 km^2，萎缩率为 47.74%；2004—2015 年处于较稳定状态；2016 年面积降至最低，为 31.16 km^2。

2018 年，多庆错湖面面积为 42.72 km^2，较 1976 年（49.04 km^2）萎缩 6.32 km^2，萎缩率为 12.89%；较 2017 年（44.0 km^2）萎缩 1.28 km^2，萎缩率为 2.91%。

根据多庆错湖面面积变化的空间分析来看（图 4.24），2018 年与 1990 年比较，湖的东南部

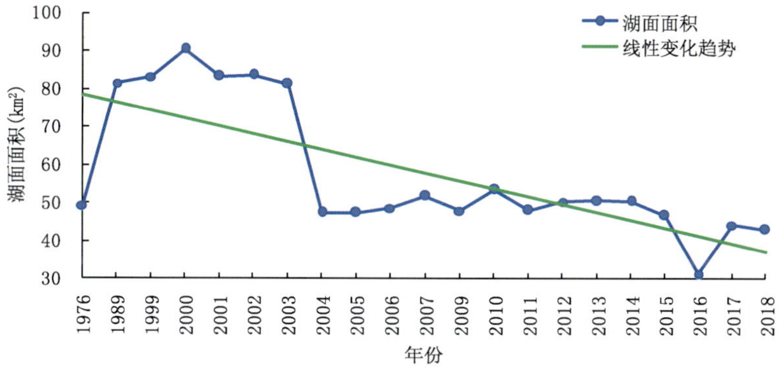

图 4.23　1976—2018 年西藏多庆错湖面面积变化

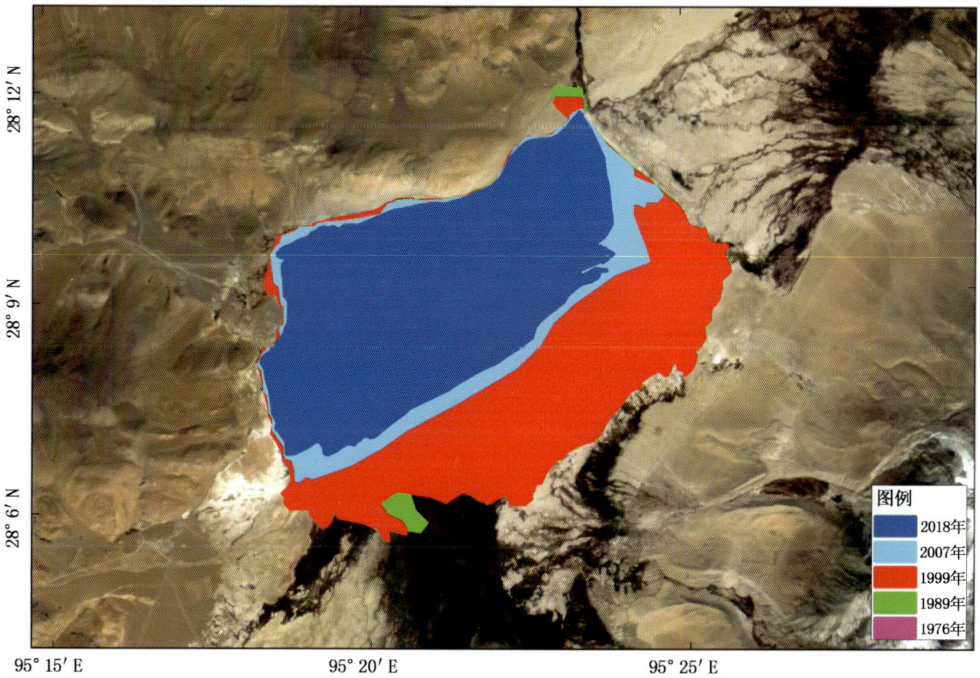

图 4.24　1976—2018 年西藏多庆错湖面面积对比

和东北部萎缩明显，尤其是东南部。2018 年 10 月 19 日高分一号影像显示，湖面有大量的泥土淤积，肉眼能判识的水体面积较小。

4.3　植被

气候变暖导致北半球大部分地区植被发生显著变化，中高纬度植被活动显著增强，高纬度、高寒地区植被返青期提前，生长季长度延长的现象尤为明显(Zhou et al,2001;De et al,2011;Lei et al,2014)。20 世纪 90 年代植被增长趋势较 80 年代显著，从 21 世纪初开始，北半球部分地区 NDVI 增长速率有所减缓(Piao et al,2011)。Peng 等(2012)认为，1982—2003 年青藏高原除森林退化严重(50%)外，其他植被类型 NDVI 呈增长趋势，植被生长状况以变好为主。于伯华等(2009)分析得出，1981—2006 年 NDVI 下降显著的区域主要分布在高原南部，其次为三江源中南部，而藏北高原、西部柴达木盆地 NDVI 较为稳定。

从西藏全区最大合成年平均 NDVI 变化趋势(图 4.25)来看，近 19 年(2000—2018 年)全区 NDVI 值总体上呈不显著增加趋势，增长率为 4.16%，说明西藏植被退化趋势有所缓解。NDVI 平均值为 0.350，2017 年达到最大，为 0.361，较平均值偏高 0.011；最小值出现在 2015 年，为 0.335，较平均值偏低 0.015。

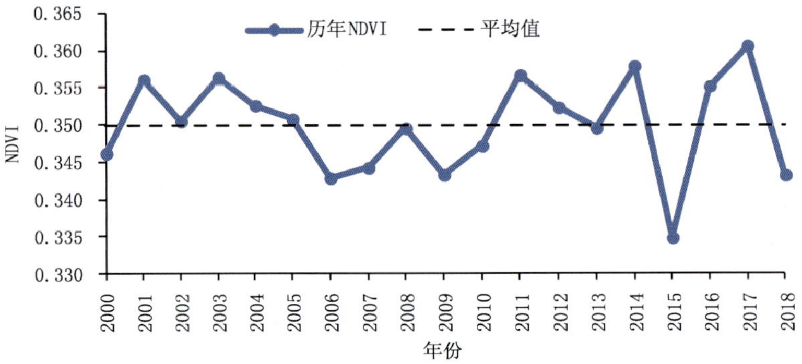

图 4.25　2000—2018 年西藏最大合成 NDVI 变化

由图 4.26 可以看出，西藏近 19 年(2000—2018 年)植被变化趋势以稳定为主导。其中，显著退化区域主要集中在高原中部的拉萨市、那曲市东南部部分区域，日喀则市、山南市北部和南部，林芝市和昌都市的少部分区域；植被轻微退化区域主要分布在显著退化区周围，集中在南部地区和藏东南地区；植被稳定区域主要分布在阿里地区大部、那曲市中北部，以及林芝市和山南市南部；植被轻微改善区域主要分布在藏北地区、日喀则市西北部和昌都市中部；植被显著改善区域出现在那曲市南部、山南市中部和日喀则市中部，以及昌都市西北部。

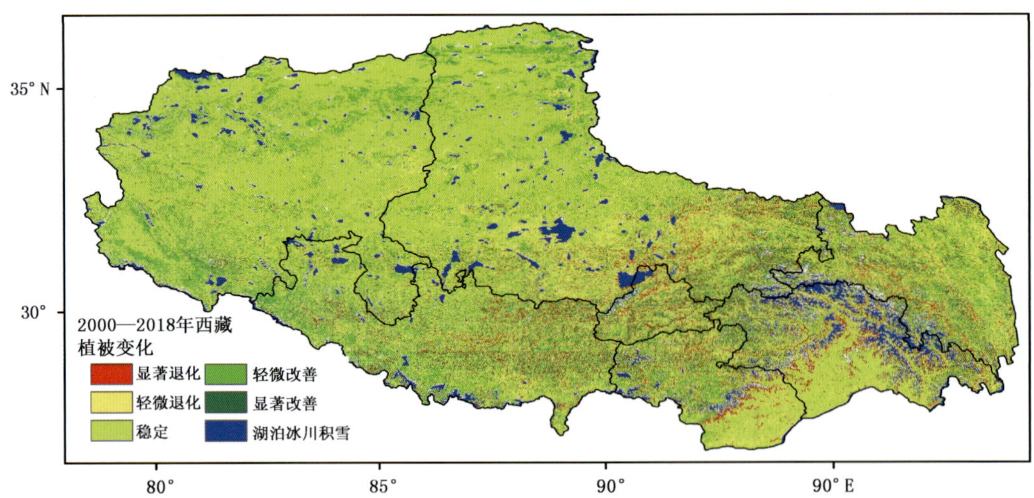

图 4.26　2000—2018 年西藏植被变化

从卫星遥感反演资料分析来看(图 4.27),2018 年西藏草地(含干草)总生物量最高值为 2 929.9 kg/hm²,平均值为 912.2 kg/hm²;鲜草生物量最高值为 2 926.7 kg/hm²,平均值为 775.8 kg/hm²。2018 年总生物量明显高于 2015 年和 2016 年,接近 2017 年。

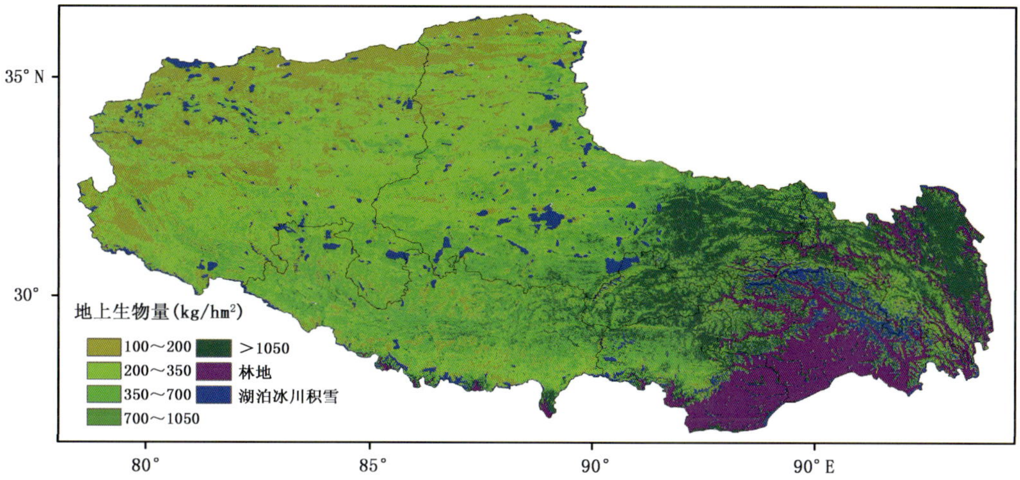

图 4.27　2018 年西藏草地总生物量空间分布

4.4　区域生态气候

气候生产潜力是指充分和合理利用当地的光、热、水气候资源,而其他条件(如土壤、养分、二氧化碳等)处于最适状况时单位面积土地上可能获得的最高生物学产量,可根据生物量与气候因子的统计相关关系建立的数学模型计算得到,如 Thornthwaite Memorial、AEZ、Miami、筑后模型等模型。Miami 模型是 Lieth 根据世界各地植物产量与年平均温度、年降水量之间的关系得到的,能够反映自然状态下水热单因子对潜在生产力的影响,Thornthwaite Memorial 模型是 Lieth 和美国学者 Box 在迈阿密模型的基础上考虑了与植物产量密切相关的蒸散量而提出的。由于这两个模型相对简单,需要的参数少,而被比较广泛地应用于大范围的气候生产潜力变化格局研究中。赵雪雁等(2016)利用此模型计算分析得出 1965—2013 年青藏高原牧草气候生产潜力总体呈增加趋势,在空间上表现为由西北向东南依次增加的态势,青海省北部及南部部分地区气候生产潜力上升幅度较大,而西藏东部上升幅度较小,且南、北部地区差异较大。杜军等(2008)认为,近 45 年(1971—2015 年)西藏阿里地区西南部、聂拉木、江孜植被气候生产潜力为减少趋势,以普兰减幅最大;其他各地呈不同程度的增加趋势,增幅为 26.8～459.8 (kg/hm²)/10a。

本公报采用 Thornthwaite Memorial 模型,计算了西藏年植被气候生产潜力,结果表明,近 58 年(1961—2018 年)西藏植被气候生产潜力呈显著增加趋势(图 4.28),平均每 10 年增加 126.37 kg/hm²($P<0.001$);尤其是近 38 年(1981—2018 年)气候生产潜力增加得更明显,增幅达 222.59 (kg/hm²)/10a($P<0.01$)。

2018 年,西藏年植被气候生产潜力为 7 331.75 kg/hm²,较常年值偏高 518.15 kg/hm²,为 1961 年以来第七个高值年份。

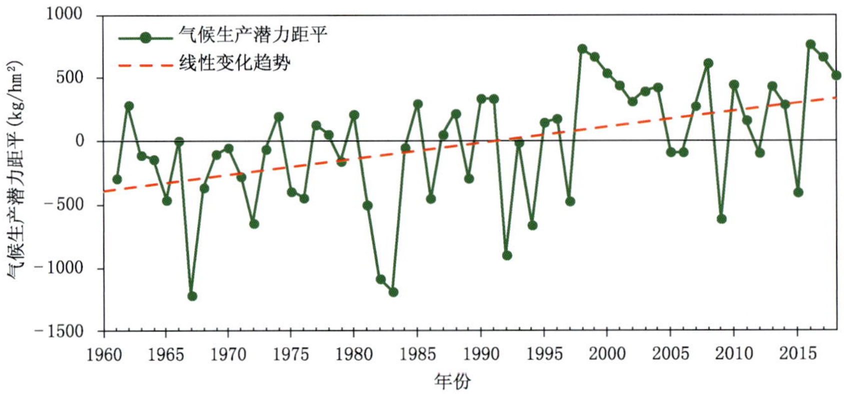

图 4.28　1961—2018 年西藏年植被气候生产潜力距平变化

1961—2018 年藏东南森林、藏北草地年气候生产潜力均呈明显的增加趋势(图 4.29),平均每 10 年分别增加 133.27 kg/hm²($P<0.001$)和 183.88 kg/hm²($P<0.001$)。

2018 年,藏东南森林年气候生产潜力为 9 590.63 kg/hm²,较常年值偏低 814.27 kg/hm²,是 1961 年以来的第七个偏低年份;藏北草地年气候生产潜力达 6 981.98 kg/hm²,较常年值偏高 811.82 kg/hm²,创 1961 年以来最高值。

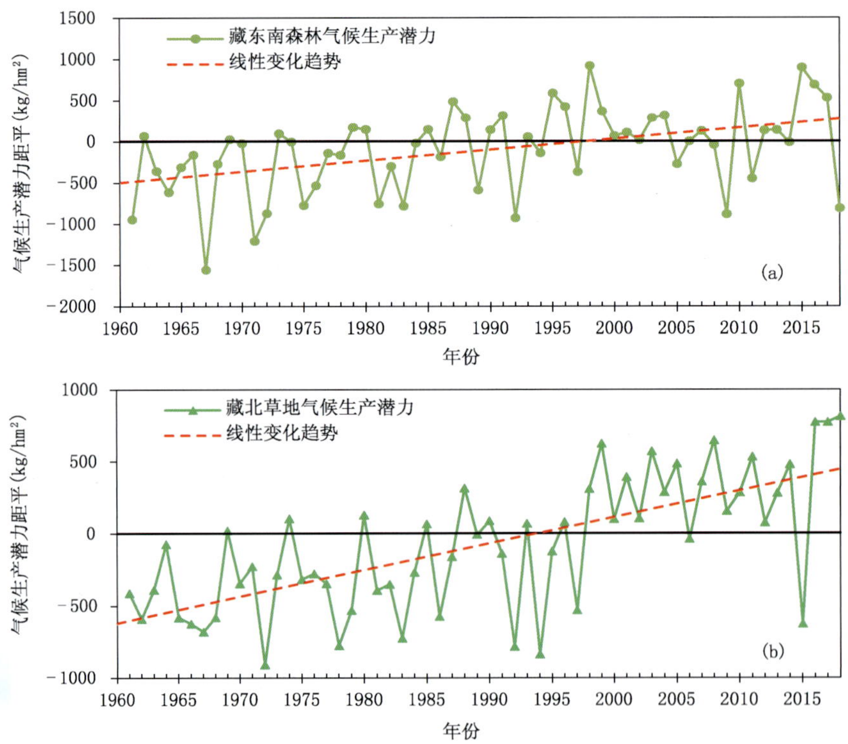

图 4.29　1961—2018 年藏东南森林区(a)和藏北草地区(b)年气候生产潜力距平变化

根据 1961—2018 年西藏年植被气候生产潜力变化趋势空间分布来看(图 4.30),各站均呈增加趋势,增幅为 8.0～249.56 (kg/hm²)/10a(12 个站 $P<0.05$),其中那曲增幅最大($P<$

0.001)，班戈次之(244.19 (kg/hm²)/10a，P<0.001)，江孜增幅最小。近28年(1991—2018年)，日喀则、泽当和隆子3个站年植被气候生产潜力趋于减少，为−14.41～−104.17(kg/hm²)/10a，减幅以泽当最大、日喀则最小。其他各站年植被气候生产潜力均呈增加趋势，增幅为0.32～386.71 (kg/hm²)/10a，以索县最大(P<0.001)、江孜最小；那曲市、狮泉河、拉萨和浪卡子增幅在240.0 (kg/hm²)/10a以上。

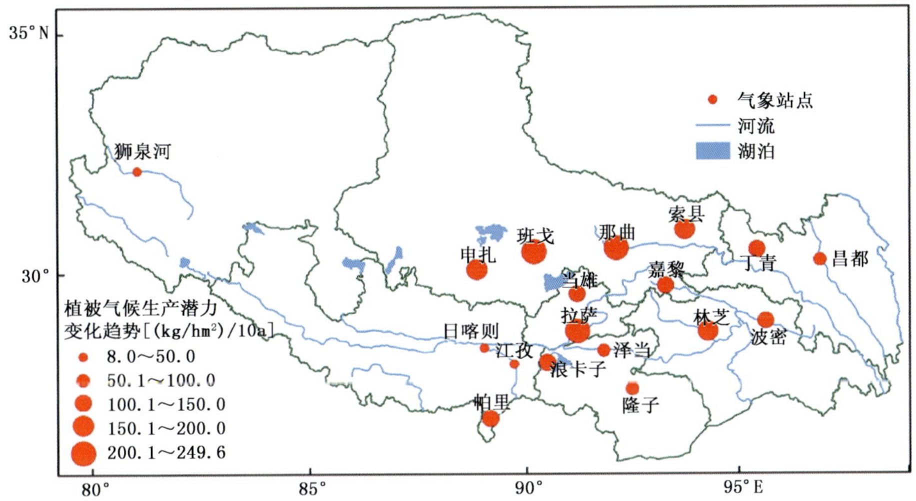

图4.30 1961—2018年西藏年植被气候生产潜力变化趋势空间分布

参考文献

白淑英，史建桥，高吉喜，等，2014. 1979—2010年青藏高原积雪深度时空变化遥感分析[J]. 地球信息科学学报，16(4)：628-636.

陈锋，康世昌，张拥军，等，2009. 纳木错流域冰川和湖泊变化对气候变化的响应[J]. 山地学报，27(6)：641-647.

程国栋，金会军，2013. 青藏高原多年冻土区地下水及其变化[J]. 水文地质工程地质，40(1)：1-11.

除多，杨勇，罗布坚参，等，2015. 1981—2010年青藏高原积雪日数时空变化特征分析[J]. 冰川冻土，37(6)：1461-1472.

除多，2018. 2000—2014年西藏高原积雪覆盖时空变化[J]. 高原山地气象研究，36(1)：27-36.

德吉央宗，拉巴，拉巴卓玛，等，2014. 基于多源卫星数据扎日南木错湖面变化和气象成因分析[J]. 湖泊科学，26(6)：963-970.

杜军，胡军，张勇，等，2008. 西藏植被净初级生产力对气候变化的响应[J]. 南京气象学院学报，31(5)：738-743.

董斯扬，薛娴，尤全刚，等，2014. 近40年青藏高原湖泊面积变化遥感分析[J]. 湖泊科学，26(4)：535-544.

高荣，韦志刚，董文杰，2003. 青藏高原土壤冻结始日和终日的年际变化[J]. 冰川冻土，25(1)：49-54.

康尔泗，1996. 高亚洲冰冻圈能量平衡特征和物质平衡变化计算研究[J]. 冰川冻土，18(增刊)：12-22.

拉巴，格桑卓玛，拉巴卓玛，等，2016. 1992—2014年普若岗日冰川和流域湖泊面积变化及原因分析[J]. 干旱区地理，39(4)：770-776.

拉巴卓玛，德吉央宗，拉巴，等，2018. 近40a西藏那曲当惹雍错湖泊面积变化遥感分析[J]. 湖泊科学，29(2)：480-489.

李栋梁，王春学，2011. 积雪分布及其对中国气候影响的研究进展[J]. 大气科学学报，34(5)：627-636.

刘晓尘，效存德，2011. 1974—2010年雅鲁藏布江源头杰玛央宗冰川及冰湖变化初步研究[J]. 冰川冻土，33(3)：488-496.

井哲帆，姚檀栋，王宁练，2003. 普若岗日冰原表面运动特征观测研究进展[J]. 冰川冻土，25(3)：288-290.

马丽娟，秦大河，2012. 1957—2009年中国台站观测的关键积雪参数时空变化特征[J]. 冰川冻土，34(1)：1-11.

马荣华，杨桂山，段洪涛，等，2011. 中国湖泊的数量、面积与空间分布[J]. 中国科学：地球科学，41(3)：394-401.

米德生，谢自楚，冯清华，等，2002. 中国冰川编目Ⅺ-恒河水系[M]. 西安：西安地图出版社.

蒲健辰，姚檀栋，王宁练，等，2002. 普若岗日冰原及其小冰期以来的冰川变化[J]. 冰川冻土，24(1)：88-92.

蒲健辰，姚檀栋，王宁练，等，2004. 近百年来青藏高原冰川的进退变化[J]. 冰川冻土，26(5)：517-522.

施雅风，刘时银，2000. 中国冰川对21世纪全球变暖响应的预估[J]. 科学通报，45：434-438.

施雅风，刘时银，上官冬辉，等，2006. 近30a青藏高原气候与冰川变化中的两种特殊现象[J]. 气候变化研究进展，2(4)：154-160.

王苏民，窦鸿身，1998. 中国湖泊志[M]. 北京：科学出版社.

王叶堂，何勇，侯书贵，2007. 2000—2005年青藏高原积雪时空变化分析[J]. 冰川冻土，29(6)：855-861.

王君波，彭萍，马庆峰，等. 2010. 西藏当惹雍错和扎日南木错现代湖泊基本特征[J]. 湖泊科学，22(4)：629-632.

韦志刚，黄荣辉，陈文，等，2002. 青藏高原地面站积雪的空间分布和年代际变化特征[J]. 大气科学，26(4)：

496-507.

徐丽娇，李栋梁，胡泽勇，2010. 青藏高原积雪日数与高原季风的关系[J]. 高原气象，29(5)：1093-1101.

闫立娟，郑绵平，魏乐军，2016. 近40年来青藏高原湖泊变迁及其对气候变化的响应[J]. 地学前缘，23(4)：311-323.

姚檀栋，焦克勤，章新平，等. 1992. 古里雅冰帽冰川学研究[J]. 冰川冻土，14(3)：233-241.

姚檀栋，刘晓东，王宁练，2000. 青藏高原地区的气候变化幅度问题[J]. 科学通报，45(1)：98-106.

姚檀栋，秦大河，沈永平，等，2013. 青藏高原冰冻圈变化及其对区域水循环和生态条件的影响[J]. 自然杂志，35(3)：179-185.

姚檀栋，刘时银，蒲健辰，2004. 高亚洲冰川的近期退缩及其对西北水资源的影响[J]. 中国科学，34(6)：535-543.

姚檀栋，蒲健辰，田立德，等，2007. 喜马拉雅山脉西段纳木那尼冰川正在强烈萎缩[J]. 冰川冻土，29(4)：503-508.

杨威，姚檀栋，徐柏青，等，2008. 青藏高原东南部岗日嘎布地区冰川严重损耗与退缩[J]. 科学通报，53(17)：2091-2095.

于伯华，吕昌河，吕婷婷，等，2009. 青藏高原植被覆盖变化的地域分异特征[J]. 地理科学进展，28(6)：391-397.

赵雪雁，万文玉，王伟军，2016. 近50年气候变化对青藏高原牧草生产潜力及物候期的影响[J]. 中国生态农业学报，26(4)：532-543.

De Jong R, De Bruin S, De Wit A, et al, 2011. Analysis of monotonic greening and browning trends from global NDVI time-series[J]. Remote Sensing of Environment, 115(2): 692-702.

Fujita K, 2008. Effect of precipitation seasonality on climatic sensitivity of glacier mass balance[J]. Earth Planet Sci Lett, 276: 14-19.

Houghton J T, Ding Y H, Griggs D J, et al, 2001. Climate change 2001: The scientific basis. In: Contribution of Working Group I to the Third Assessment Report of the Intergovernmental Panel on Climate Change. Cambridge: Cambridge University Press.

Klein J A, Harte J, Zhao X Q, 2004. Experimental warming causes large and rapid species loss, dampened by simulated grazing, on the Tibetan Plateau[J]. Ecology Letters, 7(12): 1170-1179.

Lei H, Yang D, Huang M, 2014. Impacts of climate change and vegetation dynamics on runoff in the mountainous region of the Haihe River basin in the past five decades[J]. Journal of Hydrology, 511: 786-799.

Peterson T C, Folland C, Gruza G et al, 2001. Report on the activities of the working group on climate change detection and related rapporteurs (1998—2001). http://eprints.soton.ac.uk/30144/1/048_wgccd.pdf.

Peng J, Liu Z H, Liu Y H, et al, 2012. Trend analysis of vegetation dynamics in Qinghai-Tibet Plateau using Hurst Exponent[J]. Ecological Indicators, 14: 28-39.

Piao S, Wang X, Ciais P, 2011. Changes in satellite-derived vegetation growth trend in temperate and boreal Eurasia from 1982 to 2006[J]. Global Change Biology, 17(10): 3228-3239.

Solomon S, Qin D H, Manning M, et al, 2007. Climate change 2007: The physical science basis. In: Contribution of Working Group I to the Fourth Assessment Report of the Intergovernmental Panel on Climate Change. Cambridge: Cambridge University Press.

Su Z, Shi Y F, 2002. Response of monsoonal temperate glaciers to global warming since the Little Ice Age[J]. Quat Int, 97-98: 123-131.

Wagnon P, Linda A, Arnaud Y, et al, 2007. Four years of mass balance on Chhota Shigri Glacier, Himachal Pradesh, India, a new benchmark glacier in the western Himalaya[J]. J Glaciol, 53: 603-611.

Yao T, Thompson L, Yang W, et al, 2012. Different glacier status with atmospheric circulations in Tibetan Plateau and surroundings[J]. Nature Climate Change,2:663-667.

Zhang Y S,Fujita K,Ageta Y,et al,1998. The response of glacier ELA to climate fluctuations in High Asian [J]. Bull Glacier Res,16:1-11.

Zhou L M,Tucker C J,Kaufmann R K, et al,2001. Variations in northern vegetation activity inferred from satellite data of vegetation index during 1981 to 1999[J]. Journal of Geophysical Research Atmoshperes, 106 (D17):20069-20083.